組 織 行 為 學

高 尚 仁

學歷：臺灣大學文學士
　　　西維吉尼亞大學碩士
　　　威斯康辛大學博士
現職：香港大學心理學系
　　　講座教授兼系主任
　　　國際應用心理學會
　　　理事

伍 錫 康

學歷：香港大學社會科學
　　　學士、碩士
　　　倫敦大學博士
現職：香港大學管理學系
　　　高級講師

三 民 書 局 印 行

© 組織行為學

著作人　高尚仁　伍錫康
發行人　劉振强
著作財產權人　三民書局股份有限公司
發行所　三民書局股份有限公司
　　　　地址／臺北市復興北路三八六號
　　　　郵撥／〇〇〇九九九八一五號
印刷所　三民書局股份有限公司
門市部　復北店／臺北市復興北路三八六號
　　　　重南店／臺北市重慶南路一段六十一號
初版　中華民國七十七年六月
四版　中華民國八十五年二月
編號　S 49194
基本定價　伍元肆角
行政院新聞局登記證局版臺業字第〇二〇〇號
著作權執照臺內著字第六一九七九號

ISBN 957-14-0251-6 (平裝)

序　言

　　現代科學的發展是日新月異，現代知識之累積亦是突飛猛進。行為與社會科學領域的情狀，自不例外；而在某些範疇，如心理科學的發展，更有特殊的成長及表現。這都是人類在文化與學術演進中可喜和可貴的現象，亦屬全體人類所共有及共享的成果和貢獻，此為勿庸置疑。只是在行為及社會科學領域裡，研究課題之構思、問題、理論及方法等，通常會受到不同國家的社會環境與文化背景的影響，且影響頗大；而其起源、發展，及成就都以歐美國家為主流和主導。過去幾十年來，我國在這個領域的學術及教育，也都長期在這種西方學術優勢之下，受其影響及主宰，以致對植基於自己文化與社會背景所能開創的行為與社會科學的觀點、概念、理論及方法各個方面，都未能從模仿和邊陲的困境之中解脫出來。香港的情形，更因為長期在政治、經濟、及社會方面對西方的依附，使得文化與教育的附庸本質，不僅表露無遺，並且在學術的本土性及特色性的開發上，更是一籌莫展，舉步惟艱。

　　上述這個現象在八十年代初葉逐漸起了變化，有了進步。在沉思、觀察和反省的努力之後。臺灣及香港的學者，逐漸對中國社會與文化的特殊性及其對行為與社會科學學術的構思、概念、理論及方法各方面研究可能提供的啓發及研究定向，逐漸展開了新的認同及共識。過去幾年來，在臺北及香港兩地已經召開過幾次有關學術中國化的多學科會議；也都於會後出版了影響深遠的論文集；這些可喜的活動，對推動行為與社會科學本土化的研究和教學工作，起了積極的鼓舞作用。而在管理與組織行為方面的努力，也包括了中國式管理的學術研討，和管理業者對實務的探索，討論和著述，使得管理與行為科學之間的關係，密切地結

合，產生了共同的理念和認識，蔚然形成一股新的風氣和景象。這些發展，對管理與組織行為的學術研究和教學內容，啓發了本土化和內生性的新內涵，逐漸構成深遠而有意義的影響。

我們二人在過去幾年，分別在港大的心理及管理領域裡，講授有關組織行為、管理心理、組織理論及人力資源管理等各項相關的課程。開始時，我們採用歐美學者所編寫的著名教材為課本及參考資料。幾年下來，始終覺得許多概念、理論和觀念，與我們所瞭解的臺、港社會與文化背景，組織管理的實際作業，以及學生所極需認識與期望的課程內容，有很多格格不入之處。在我們授課的經驗中，也深深感到自己所傳達的是歐美文化與思潮影響下的管理心理與組織行為，而不是能夠切合中國人社會與行為的普遍真理。所以我們經常感到十分無力和無助，却也實在無法從文獻中找到完整的、直接有關中國人的管理與組織行為方面的專書以應教學之需。因此在近年的教學生涯之中，只好採取「折衷」和「對比」的原則，亦卽將西方現代的理論與實證結論做為架構，逐題逐目地儘量從臺灣、香港及國外近年有關中國人的研究之中，擇選最具對比性和獨特性的研究成果，組成課程「另一半」內容。如此，我們覺得至少在面對學生和自我檢討之時，不再完全扮演歐美管理與心理學術的傳教士。這個努力，使我們在思想上、觀念上，及立論上，逐漸能整理出一些簡單的架構和條理，做出且標出屬於中國人的若干題目和問題；再加上我們個人的思想概念、文化觀點和認知取向，於是就組成了我們研討組織行為學的中國人之觀點以及分析和選擇文獻材料的依據。擺在讀者面前的這本「組織行為學」，就是在這個淵源、省思及設計之下的一個初步嘗試。

本書在編寫過程中，確實也遭遇過一些難題。首先，有關中國人的管理與組織行為的研究不多；雖然各大學的研究所及學者們的研究不在

少數，但是眞能稱得上有「本土性」及「內生性」特色的論文或報告却十分有限。其次，在如此有限的文獻報告之中，屬於概念性、理論性和開創性的探討，更是非常稀少。因此很難把現有的成果貫連在任何整體性指導架構之下。第三，我們也受到崇拜西方學術為唯一眞理的一些學界人士，從「學術無國籍」的崇高觀點，所提出的評議。最後，我們也曾被人認為在推廣「文化沙文主義」，因為我們在書中所提的架構理念，帶有相當的「文化價值」觀點。幾年來的開發與嘗試講授，證明我們在書中所要表達的，頗能符合中國人社會的若干現實眞象；在組織環境或企業的實務環境裏，也確能取得業界的認同和共鳴。這給了我們相當的信心和鼓勵；所以才有勇氣把近年來的想法和觀念，修之成書，做為此項學術耕耘的初步總結。在寫書的過程中，我們採取了謹愼和保守的態度，因此在研討有關中國人組織行為的篇幅裏，其立場和取材，遠比我們在課堂上所講授及採用的內容來得「膽小」。我們之所以這樣做，主要還是想在少量但充實的基礎之上，對組織行為領域中的各個主題，提出初步的比較和探討；並希望在這個基礎上，能逐漸深化和強化其理論架構及實證內容。此外我們冀望本書在推動中國人的組織行為的研究和發展方面，能發揮一點播種的作用。

本書的源始及其內容的取向已簡述於前，但是，它始終都只能算是在學術演變和開展初期的一個大膽嘗試。書中的觀點概念和立論，未必都是眾所共認的，其中對於東西方學術的比較，亦未必為其他學者所同意；本書不過是寫出我們覺得該說的話，在未來的年日裏，我們還會在這個基礎和方向上，繼續努力和前進。不週失當之處，尚請學者專家，不吝指教是幸。

本書編寫過程裏，承蒙臺灣大學心理系鄭伯壎教授提供寶貴意見，數位研究所同學協助文稿，港大心理系陳淑娟小姐擔任編輯助理，李賀

蓓女士製圖，及李碧珍小姐、呂亦婷小姐、劉雪華小姐等人對書稿之打字與文書處理工作，在此對他們深表最大謝意。

高尚仁・伍錫康謹誌

一九八八年元月七日

組織行爲學　目　次

第一章　導論：概念架構

第一節　緒　　論

本書目的是要探討在不同文化背景下運作的組織結構與組織行為，有何明顯特質。換言之，本論文之基本關注在於探究文化力量在塑造工作態度與行為，管理型態，工作型態，以及組織設計上的影響。

試圖以社會文化系統來呈現工作組織之剖面，並指出其中影響工作表現者，這多少是從以下兩個論點著眼：（i）組織是否會在不同的社會型態中面對不同種類的問題；（ii）文化特性之現象中是否可定義出足稱為能夠增加、限制、或以任何方式來影響組織結構或行為的特質或條件。這種理念大部分是植基於學者們（實務工作者亦然）對於日本工商企業的傑出成就表現，以及近來中國人社會諸如香港、臺灣、新加坡的表現，有愈益增長的興趣及討論。而這種考慮社會文化的作法，亦可為我們在研讀從西方經驗而來的西式工作與組織理論時，設立一個公平的水準點。

第二節　組織之研究

以迄今為止的組織理論與研究主流來看，這個領域的學術工作在技術上有幾個要點，包括技術、環境、組織大小、結構，以及人（工作）的

行為等向度。

組織的環境是由數個參照或背景的變數所構成的，這些變數定義出組織的限制與範疇， 及其成員的每日例常活動。 組織內在或外在的環境，則很廣泛地包括經濟、政治、及社會等因素。而組織結構及活動之特質上日趨重要的， 則是「技術」 (technological) 這個變數。 技術因素在意義及應用上有很大不同， 但通常都包括勞力區分， 工作劃分，及工作配置的特性與邏輯。現今對於技術特性的關注已遠較硬體方面為多，前者卽指牽涉到理念與知識在商業活動中的運用，以及決策行為。

在技術及其他環境變數的影響下， 組織的實際功能及其成員的行為，是在一個層次上已安排好並且同等角色的結構下產生的，因此組織結構可以說是與介入它的從高到低每一階層都有關聯。另一方面，我們亦可以很直接地指出，結構對水平區分的影響較多，而對垂直階層的影響較少。

實際上，組織結構將演變成何等精密程度，常是受到組織大小的重大影響。我們經常以員工人數來描述組織大小這個變數，但其他一些屬性諸如空間或機器數量等， 可能也是有關聯的。

當組織規模成長時，有關協調、控制、與整個管理的問題就接踵而至，所以就必須在組織的設計與規劃上付出更大的努力。組織設計可取向於許多不同的方法與觀點，其選擇端視組織本身所設計的特殊目標，以及組織目前已有的結構而定。因此， 組織設計的工作必須多方面地予以良好協調，例如， 協調技術、組織大小、正式權力結構、組織中人際關係狀態，以及環境等等限制。而且，組織從來就不是靜態的，它本身是在改變之中，或是隨著環境或處境的變化而有所反應。這是轉變而形成組織變遷這個課題——特別是值此迅速技術進步及團體重組的今日。在人們慣常執著、不瞭解、甚至抗拒改變的情況下，想要在組織中引入

改變須要小心籌劃，以將困擾減至最低，並且可促進組織效能。

實際上，組織的研究經常都對工作組織中人類行為的基本課題有很大的興趣。組織中的策略性歷程，例如決策、激勵、領導與督導、溝通、權力運用，以及特殊的工作表現等，這些都是人類的行為。所有的這些行為歷程，對於個人與集體的表現，以及工作組織內的成就，都有所影響。而且，這些歷程不單只其本身重要，它們也會與其他歷程相互作用，而影響到組織在表現上的整體效能。例如，以諸如心理學及社會學等社會科學的法則來研究領導，可將之視為領導者與其部屬之間，彼此傳遞訊息、社會歸因、以及價值觀的歷程。可以理解地，這個歷程不會單在工作團體階層作短暫的停留。相反地，在真實生活的工作情境中常有的情況是團體間與個人間，不斷地有彼此影響、對面、交涉、協調、衝突、和解等歷程出現。

簡單地說，組織行為也許可以廣泛地視為一種去瞭解、解釋，以及可能的話去預測「為何在組織中人們會有此種行為」的科學的企圖。就其主題而言，組織行為的研究主要有兩種基本變數，一種是正式的組織（包括結構、歷程、與技術等向度），一種是人的變數（呈現出來的人因系統包括諸如認知知覺、動機、人格，以及其他心理歷程）。同樣地，在研究的取向上，也含有多種原則方法上的混合，統整了行為（社會）科學上各已建立的主流。具體而言，這樣的研究也許要結合應用在心理學、社會學、人類學、統計、法律，甚至政治學等各種知識。因為組織生活的現象並非一個獨立區分或間斷性的事件，因此可能要以一個「系統」的觀點來做為起點，才有助於在有條理的架構下系統性地探討組織行為的各個課題。

第三節　工業多元論、工作思潮與管理理念

　　組織理論的研究與法則，主要都是西方的觀點與傳統。西方所佔重要地位，主要是因其工業化之經驗，以及伴隨而來的「工業主義」(industrialism) 的價值與制度安排——這一個歷史性的過程，至少就當時十九、廿世紀的觀點而言，是成之於西方的。工業化與工業主義的絕對性，以及技術的進步與機械化，對於當代社會以及工作組織本身而言，都成為普遍性結構上與功能上的需求。

　　然而，在瞭解管理及組織的工作態度與行為時，以民族性所扮演的角色為一塑造力量，在策略上不僅要看不同社會間組織表現的歧異，亦要從當代國際企業的角度著眼：例如，多國企業 (multinational corporations 簡稱 MNCS) 在技術轉移上所具有的日益擴大的重要性。而多國企業經常被視為一種文化特例，它們也在所運作的母體與客體社會之間作為緩和的媒介。

　　大內 (Ouchi) 所提出的極受歡迎的「Z理論」(Theory Z)，就是以當代企業社會民族性之融和為題的最近之學術上的例子。Z理論倡導日本式的管理與工作組織系統，其管理哲學是將日式原則應用在美國企業中；或相反地，將美式原則應用在日本企業中。「在美國典型的日本公司所採取的管理方向，與典型的美國公司有很大的不同。但它們也並非在日本所發展模式的翻版，而是修整其管理以適應美國的需求。……很明顯地，想知道能從日本學習什麼，就得縝密地檢驗這種修正過的日式管理之複雜性與微妙性。……因此，當前之務就是要去研究日本組織的基本特質，並發展一套與西方公司作比較的原則。」❶

----

❶ William G. Ouchi, *Theory Z*, New York: Avon Books, 1982, pp. 12-13; pp. 14-15.

在某種意義上，香港的環境有點像是東西方交會的融爐。這裏是諸如電子工業這一類組織的策略性戰區，外國企業成為西方組織實務及管理哲學的重要引進者。也許由於對先進技術的反響，中國的電子公司亦傾向於採用「科學管理」的結構與技術來評估它們的同行。香港本地電子公司勞力市場引導至美國化的原因是：

「第一是由於在人事經理之間有彼此交換有關薪金、福利、招募、勞工離職及留職，以及其他勞工管理實務訊息的常模，使得這些訊息跨出美國公司團體的範圍之外。第二是由於美國系統傳遞者另一種形式的『過度泛溢』（spill-over）效應。因為大部分中國的電子製造業者剛開始都是受雇於此類的美國創業公司，於是很自然地這種當地的『突破者』就會將這種管理架構帶回他們自己的企業中」❷。

在耐亥等人（Nihei et al）的香港研究中，亦探討中企業擁有人與高階層管理者的種族地位這個因素，對於管理實務微觀（例如組織的）層次之影響的重要性。研究者注意到在港的一個日本公司和一個美國公司之間，由於種族的不同，而產生了組織及管理實務上很明顯的差異；研究者亦瞭解公司運作之溝通型態所扮演之角色，乃是成為不同跨國組織所採用之管理實務，最主要也是單一的影響來源❸。

❷ Ng Sek Hong, *"Technicians in the Hong Kong Electronics and Related Industry: An Emerging Occupation?"*, an unpublished Ph. D. thesis for the University of London, 1983.

❸ Y. Nihei, M. Ohtsu and David A. Levin, *"A Comparative Study of Management Practices and Workers in an American and Japanese Firm in Hong Kong"*, in Ng Sek Hong and David A. Levin (eds.), *Contemporary Issues in Hong Kong Labour Relations*, Center of Asian Studies, University of Hong Kong, 1983, p. 136.

這個研究和其他類似的研究都顯示出，在文化擴散這個不完全但又極重要的歷程中，想要在固有因素（組織本身的）及外來或背景因素之間，以實證方法建立相關的因果關係，會有何等明顯的混淆。例如，耐亥等人在解釋他們在受試公司之間所發現的相同與差異時，就坦承無法決定「……公司擁有者之種族，公司之結構，以及溝通型態這三個因素」，何者更具有決定性❹。

假設性而言，也許可以說管理及工作組織的國家或文化型態，無論它們的不同差別如何，都很難在這個現代以及愈來愈趨向世界主義的當代工業社會環境中卓然自立。這並非在倡議「聚合」（convergence）之說，只是為對抗過份狹隘的文化觀而提出警告。這句話並非要否認文化的重要影響，或是它對組織及組織行為的塑造力。相反地，本文整個的討論都環繞著「文化」這個主題，以及「文化相對論」（culture relativism）的主張（內隱或外顯的）。無論如何，我們必須承認，不同的文化傳統都有其助長或限制組織表現的正向或負向層面。因此，本文主要的目標，亦即在以下章節中所要探討的，就是要找出在東方或西方取向的組織之間，一般所獨有或共有的優點與弱點。當然，組織設計最合宜的選擇，是要視企業所處的社會、政治、與市場狀況，以及其各階層成員與決策者的一般假設而定。最合宜的解決方法或結果，就是尋求一個可用的模式，它可能是同時具有並統整東西方二者之元素的混合體。

隨著組織在規模以及其活動與功能之複雜性的日增，組織結構的特質就愈來愈具有多元性及分段性。工業多元主義因此就反映於以「技術」與「技術化」掛帥的組織所呈現的組織現象。這種特質，部分是由於勞工與專業趨向分化的潮流，也影響了工作組織中人類的行為與態度（取

---

❹ 同上 p. 160.

向）。接下來的問題就是，這種「技術化」的傾向，對於在各個文化情境下的所有工作組織而言，是否多少具有一種普遍性？例如，在日本企業中有一種值得探討的有趣現象，卽在精緻的前輩傳承之外，竭力追求與「唯才主義」（meritocracy）——它本身是技術掛帥的另一種代稱——之間的協調。同樣地，在中國目前的現代化計畫及追求「企業自動化」（enterprise autonomy）之下，所帶來的問題也是如何同時在民主式管理及一種技術權勢的管理力量之間取得最好協調。

　　也許，在追求卓越技術化以及趨於「細密分工」及「儀器」之專門化時，所面臨的組織整合上的問題，並不全然是一個新問題，或只在中國情境下所產生的問題。例如，蓋爾布芮斯（Galbraith）曾在其「新工業形勢」（*The New Industrial State*）一書中，生動地討論了十六與十七世紀時，西方工業社會的分枝。然而，在這篇比較性論文的背景中，試看在現代工業社會中，在架構一個「技術化」組織時，是否存在有一個與文化有關的向度，這仍是一個值得探討的問題。如果有這樣一個相關因素，那麼探討西方或東方的取向——在可定義的範圍內——何者較有利於組織中的「技術化」工作系統，將是一個很有趣的問題。

　　本文所討論的另一重要課題，是所謂尖端取向，旣可以說是工作組織中成員所進行的工作，亦可以說是他們本身的期望。在社會學文獻中，諸如「集體主義」（collectivism）與「個人主義」（individualism），「情感表達」（expressiveness）與「工具性」（instrumentalism）這些配對式的變項，都素為人知地應用於組織中的工作態度、取向、行為與活動的優先次序等方面。而有關組織的研究，也常常區辨西方與東方型態的不同，且將前者定為「個人主義」，將後者定為「集體主義」。顯然地，在不同時間不同社會的傳統與常模性假設之下，其「自我」（ego）與「利他」（altrusitic）特質有不同程度的差異。例如，西方的思想潮

流，就在泰勒式 (Taylorian) 科學管理的「理性個人主義」，與梅約
(Mayo) 所主張的帶有「集體主義」元素的「社會」或「團體取向」
論點之間搖擺不定。更擴而言之，在韋伯所提出的官僚制度論點中，帶
有另一種形式的理性或工具性個人主義，與他所倡源自新教道德的「內
省者」(introversionist) 個人主義，二者互制互衡，而有所整合。另一
方面，亦可試問中國人的假定及在工作中的行為，是否為截然的集體主
義？同樣地，看看日本的「利他式」工作精神特質，以及其所隱含的為
個人因素，亦有助於我們的瞭解。

談到工作與工作組織的非西方（原則上是東方）模式，必須瞭解以
本文目前討論目的所採用的概念架構，無可避免地，仍然必須立足於已
建立的西方文獻。西方文獻很明顯地引導著方法之設定，問題之定義，
所採用之原則，以及設立參考架構等之過程。從西方在管理上的主流思
潮來看，工業心理學、組織理論、與工業社會學，可以定出有五個主要
的發展階段，每一階段有一相對的不同取向。「這些階段依次為：科學
之管理；人因工業心理學 (Human Factor Industrial Psychology)；人
類關係工業心理學與社會學；技術取向之工業社會學；以及行動者觀點
的工業社會學 (actionalist perspective)」❺。

在西方的學術傳統中，其本身在取向及假設上就有所偏誤，組織研
究經常被主觀地定在「工作團體、工業機關、工會與管理之關係、工業
中之工作角色、工業化過程、貿易工會之組織」❻等的範圍之內——它多

❺ Michael Rose, *Industrial Behaviour: Theoretical Development Since Taylor*, Harmondsworth: Penguin, 1978 (1st edition Allen Lane 1975), p. 24.

少侷限於我們所熟知的西方工業社會的制度現象。關於貿易工會組織以及其在工作場所層次上之運作的問題，特別引起了重要的爭議：現代工作組織是否必須被視爲在其所有者及管理之下的一個權力的單元系統，或者，「從自由的觀點看，組織應該被修正爲是權力與其成員資源的多元體」。再者，這些態度或許是一個東方與西方的分析儀。值得注意的是，儒家的（Confucian）組織經常諄諄教誨個人對公司領袖的順服與忠誠，這和傳統家庭的家長權威有點類似。

第四節　本專題論文之結構

本文由連續之章節所組成，每一章之目標都針對工作組織的某一特殊層面——首先，是一相關重要理論之綜覽，其次，則討論東西方相同與相異的特質。

因此，緊接著「導論」之後的第二章，就是要看看有關「文化」的問題，及其對工作組織中態度與行爲的影響。參考文獻則是與文化價值型態有關者，例如，美國與中國社會及其人民之間的差異。而將這些文化特質定義出來，則有助於解釋在兩種社會中，個人社會化歷程及行爲傾向的差異。這也可能是爲什麼近來逐漸有這種傾向，即根據社會常模型態，而有不同的組織文化，組織哲學，以及僱用的實務。

在第二部分的第三、四、五章，會特別強調組織行爲的「個人」向度。第三章針對「知覺與適應」(Perception and Adjustment) 的問題，討論在一般情況及組織背景中，東西方社會在知覺與行爲上的差異。在這些種族文化的差異中，研究兩種社會更廣泛價值系統反映下的工作態度與行爲。接著要討論的，是這些跨文化的差異，如何地影響組織策略及其成員。第四章「工作動機」(Work Motivation)，從由已有的（西方的）文獻，來看社會中的社會文化取向，如何影響組織中工作動機

理論的假定與方法。中國人對工作動機的看法為何？並檢驗將之應用於實驗工作情境中的成效。建立一個文化特異性工作動機架構的比較性觀點，將有助於解釋不同文化管理型態之下，組織激勵策略的不同。激勵的效應，正如前面所指出的，與整個態度形成的過程，工作滿足，以及工作表現都有關，會影響到整個組織的行為。第五章探討技術、權力結構領導，及工作性質等組織變素。第五章也提及不同文化在瞭解組織中人類行為時的差異，這些行為包括工作者的態度，工作滿足，與工作表現等。西方理論（以個人之滿足與表現為中心）與東方強調成員契約集體表達的工作士氣有很大的不同。

　　第三部分中的第六與第七章論及工作組織中影響歷程的兩個互補面。在第六章中，介紹工作組織中「影響」之研究的兩個要素，即比較「權力」（power）及「權威」（authority）這兩個有關的概念。基本上西方的權力與權威理論，多是從社會或心理的層面來解釋；而中國的觀點却經常論及權力與權威的獲得、保留、以及穩固。要想瞭解跨文化背景下權力、權威、與影響之間的關係，就得很有技巧地去看組織與工作環境中領導者與成員行為的差異。接下來，第七章針對領導功能的三個主要成分：控制(control)，委派(delegation)，與協調(coordination)。本章討論亦談及此三成分對領導效能及組織效能的影響。中國的領導概念，表現於工作組織中的領導活動及功能上，反映於不同的跨文化取向之中，本章亦將予以討論。

　　在第四部分，將以一個整合的觀點及組織行為的歷程全面的回顧「領導」。第八章總觀決策歷程，討論了決策的形式，做決定的方法與因素，決策者的角色等。提出中國式的決策，其形成決策的一般邏輯與策略，並與西方的決策理論相比較。理論結論上的歧異，乃是由於東西方社會文化取向上的不同。決策與訊息的收集有關，這就牽涉到組織中的

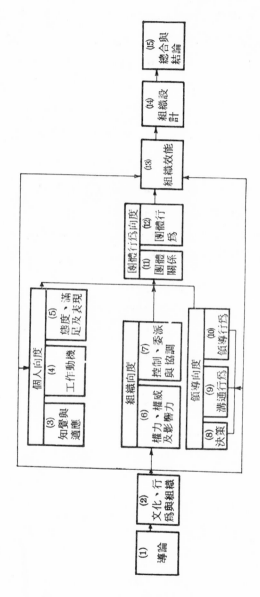

圖1—1　組織行爲概念研究架構

另一個次歷程——溝通 (communication)，第九章就是討論溝通，討論範圍包括組織情境中溝通的特質、概念模式，以及溝通的形式。當考慮到溝通在方向、設計、及實務上的跨文化差異時，特別要注意到中國式的對工作情境中人際溝通的分類。接下來的第十章完全在討論領導行為，它總結了美國與中國觀點之間主要的不同理論重點。本章將以中國和美國文化的社會文化取向為背景，列明諸如領導者特質、領導者行為型態，及領導者——從員——組織之關係等關鍵變數。更特別要從跨文化的觀點，來看領導效能與組織目標之間的交互關係。

　　工作組織的集體層面將在接著下來的第十一及第十二章中予以討論。第十一章一開始以跨文化的觀點來看美國與中國組織中的團體及團體行為。分別從已建立的社會心理學理論，來探討正式團體、非正式團體，以及團體動力等問題，繼之介紹中國實際特有的，用以決策及決定諮商的非正式「功能性小團體」(functional small group)。再分別推敲心理準備狀態、團體精神、團體觀念等的中國式概念，繼而啟發團體效能及其進步的跨文化分析的重要性。第十二章則從跨文化的觀點來比較團體關係及團體衝突的概念與假設，特別討論中國與西方在團體間衝突、衝突管理，及衝突解決上，其概念化模式的差異。

　　最後的第六部分，則是總結工作組織之整體背景中，與文化相對性行為有關之課題及其應用。因此，第十三章就開始討論不同文化對於組織效能之定義與假設的區別。接下來就總顧中國及美國對於組織效能不同的研究方法，亦討論對於組織效能不同的測量方法，並探討中國或美國文化下，所發展出來的組織功能與雇員行為的兩種模式。第十四章討論如何運用這些文化相對性去做工作組織的設計，因此它描繪出對於達到組織效能之組織設計與組織行為的美式研究方向，並對比於中國式的為達成體集成長與成就的組織設計觀點。它也指出除卻中式與美式之間

的分歧以外，跨文化間亦存在著足夠的共通之處，可容許組織設計在某些聚合點上有所類化。然而，本書最主要的目的，仍是要表明文化的重要性，它在組織行為的塑造及維續上，扮演著一個擴張性的角色。像這樣的一個組織行為觀，以及隱藏在其背後的邏輯理念，將在最後的第十五章「總合與結論」中有所討論。本書各有關章節也將討論到，在組織功能與組織行為的各個不同層面上，日本組織也具有中國固有儒家思想的基本哲理。

第二章　文化、行為與組織

第一節　導　　論

㈠　文化的概念

文化價值並不能獨立存在，只有在深信它的社會裏它才存在。因此，文化與社會是相互依存的。就如文化確認了作為人們思想與行為依據的社會規範與標準；同樣地，在各個不同時期，某一社會倫理與道德價值的發生往往也是因應當時社會的需要，用來提供建立社會制度。

文化這概念當給予一簡明且滿意的定義後，往往又發現它是如此的難以捉摸並混淆不清。概括的說，「文化是一社會中的成員所應具備的基本要素，包括知識、信仰、藝術、倫理道德、法律、風俗習慣及任何其他應具備的能力與習慣」。對於專門研究人與文化的人類學家來說，「文化是一羣人的生活方式，它們完全是為生活而設計的。」❶因此，文化是學來的，它是從人類過去存在的歷史與秩序中的生物、環境、心理及歷史的經驗裏衍生出來的。在特定時空下，為着某羣體的成員所設

---

❶　Clyde Kluckhohn, "The Study of Culture", in Peter I. Rose (ed.), *The Study of Society: An Integrated Anthology*, New York: Random House, 1967, p. 74.

計，以便他們能用來適應所處的週遭環境❷。換言之，不管對它定義的紛雜，最簡單且共同都能接受的文化概念是：

「文化以思想、感覺及反應等方式存在，主要經由象徵或符號來沿續與學得，是人類羣體的成就結晶，並包括其他有形的具體表現。其基本核心是一些由歷史經驗衍生及經過選擇的傳統觀念，尤其是附加於其上的價值觀念。」❸

㈠ 文化結構

Kluckhohn 將文化區分為「外顯」及「內隱」文化兩部份。認為有些文化特質是無法讓社會中的成員確認及有系統瞭解的，這些無意識規範被視為是內隱文化的元素，它們就如一個人的背景一般會影響人們的行為。相反地，外顯文化所包含的大多是可以認知的內容及型式，譬如以具體行為的型式或規範標準的型式表現。而不論具體行為的型式或規範標準的型式都有正反兩面，其差別在於這社會是否獎勵或禁制人們做如此的行為。

在社會科學中，外顯文化的規範及具體行為型式就是一般我們所謂

---

❷ 見 Melville J. Herskovits, *Man and His Works*, New York: Knopf, 1948, p. 625. 這種從社會學、心理分析、行為心理、以及人類學的整合性角度，來做「文化」概念的典型探討，可見之於 G. P. Murdock, *Social Structure*, New York: Macmillan, 1949. 從心理學的取向來做「文化」的人類學論述，則有下列著作: Clyde Kluckhohn and Henry A. Murray (eds.), *Personality in Nature, Society, and Culture*, New York: Knopf, 1948; Cora Du Bois, *People of Alor*, Minneapolis: University of Minneapolis Press, 1944.

❸ 見 A. L. Kroeber and C. Kluckhohn, "The Concept of Culture: A Critical Review of Definitions", *Papers of the Peabody Museum*, Harvard University, 41, 1950.

的「文化價值」(culture value)。它顯示了一個羣體或社會感興趣的方向，包括了知識的表現或最近社會情感的激發。在過去某時期，有一些明確的方向在各個文化中盛行。「……這些放諸四海皆準的文化價值，不僅有完整的型式及一致的認同。它也提供社會一整合及穩定的核心。並主宰這核心，並貫穿整個文化整構。換句話說，這些放諸四海皆準的文化價值可以作爲一文化趨向的標準依據或參考架構。」❹

因此，文化價值可引起認知、宣洩、評估等方面功能的期待，而對其說明應視當時的社會情境而定才有意義。認知價值的文化是以事物的因果關係來告訴人們，種什麼因，就結什麼果。宣洩價值的文化，則是那些敍述什麼是愉快、喜悅的，什麼是痛苦悲傷的事物。而文化價值是可評估的，只要它們是合乎道德規範的反應及行爲都是正面的。在決定人們行爲時，倫理道德或具可評估的價值文化往往超越於認知及宣洩的價值文化。具正面宣洩效果的行爲也許是道德上禁忌的行爲，如許多性方面的宣洩行爲。而具負面宣洩效果的行爲，也許是道德上必須的，如救火員進入正熊熊燃燒的建築物。同樣地，在認知上具效用的行爲，可以滿足人們需要的，可能是道德上禁制的，譬如考試作弊的行爲❺。

　㈢　文化價值的傳遞：社會化歷程

經由社會化歷程，每一代的小孩被教導社會的文化價值。他們從父母、老師及年長的同輩處學到如何去認知、宣洩、評估他們所在的週遭

---

❹　Ralph Linton, *The Study of Man*, New York: Appleton-Century-Crofts, 1936, p. 442.

❺　這種「認知性」(cognitive)、「淨化性」(cathetic)、與「常模性」(normative) 價值的分類，見 Harry C. Bredmeier and Richard M. Stephenson, *The Analysis of Social Systems*, New York: Holt, Rinehart and Winston, 1962, esp. Chapter on "The Analysis of Culture", reprinted in Rose (ed.), 同❶, pp. 119-121.

環境事物。所以社會化是整體文化從一代傳遞到另一代的主要歷程。不管每一代是否有文化的監督者存在，這永存的機制促使文化價值得以沿續，並構成社會之能夠存在的唯一要素。社會化是透過意義與價值觀念的溝通來達成它的效果。對一個嬰兒或青少年來說，唯有他能夠瞭解許多的社會行為意義與價值，他才算正式參與這個社會。藉着「哭」的方式來溝通，小孩學到各種使人注意他需求的表達方式。當他能夠觀察別人對他姿勢、表情的種種反應時，經由「嘗試錯誤」的過程，他學到某種姿勢、表情的預期反應。

在社會化的種種社會學習方式中，「認同」是最重要的學習方式。一般小孩都先從父母處學到對社會文化的態度和價值觀念，而這些態度和價值觀經由認同歷程，逐漸的內化及類化成為個體人格的一部份，這種過程是從孩兒時期延續到成人皆存在的。

認同及價值觀的內化與類化並不只有藉觀察與符號的溝通來傳遞而已。它們也可經由「角色扮演」的互動過程來獲得並內化。據推測，在角色扮演的過程中，經由角色期待與滿足，可以影響彼此瞭解因與果的關係。

因此，社會化歷程並不僅限於兒童時期。實際上，角色認識是人際關係中一個普遍的歷程，在任何年齡、情況下都可發生。事實上，每一個社會組織包含有不同的性別、職業、成員、聲望地位、婚姻關係及家庭角色，這些角色的轉變及發生是貫穿在個體的一生當中，甚至包括水準的提昇、技能的獲得、態度的形成，及對事物的判斷力等等都是。換句話說，社會化是傳遞文化——道德規範、價值觀念及風俗習慣——的過程，它與一個人終身息息相關❻。

❻ 見 Joseph Bensman ..nd Bernard Rosenberg, "The Process and Impact of Socialization", in Bensman and Rosenberg, *Mass, Class, and Burcaucracy*, Englewood Cliffs, N.J.: Prentice-Hall, 1963; reprinted in Rose (ed.), 同❶, pp. 134-143.

第二節　社會文化價值：泛社會 (cross-social) 的比較

　　在美國和中國的社會文化結構與制度間存在着明顯的差異。概略來說，美國的文化價值觀偏重於個人化、組織化、平等化、多元性及結構有伸縮性。相反地，中國的規範制度，傾向於集體化、家族化、階級化、單元性及結構的嚴格性。若要對這些文化價值的差異提供一系統化及無遺落的完整性解釋，是超出本章節所能討論的範圍。然而，針對兩文化間運作組織裏的社會化歷程及行爲的探討，却是值得重視。就文化特質言，美國人在他們的社會化歷程中較强調個體的獨立性、多變性、自我表現、競爭能力、成就感，並以酬償爲取向，以小孩爲重心。反之，中國式的社會化歷程，包含如下的特質：依賴、順從、自我壓抑、服從、自我滿足，並以懲罰爲取向，以父母爲重心。

　　因此，由於社會化歷程所强調的差異，形成了兩文化各自特有的行爲傾向。美國人民特性傾向於個人取向，要求平等，屬內控型 (internal control)，追求現代化，獨立性强，能忍受變化存在，容他性大，對別人較信任。而中國人的行爲表現，傾向於社會取向，服從權威，屬外控型 (external control)，愛好傳統、自我壓抑强、依賴性高，喜好一元或單純化，排他性强，對別人易生懷疑。

　　這些行爲傾向的對比，使得這兩文化社會的組織運作也產生了明顯的歧異。在西方文化下，組織哲學强調每一個體平等，要求個體獨立，能力强及自我發展與自我實現。相形之下，中國人的組織哲學是導向整體的統合制度。在這要求下，注重的是個體的相互平等，人本態度、團體和諧及團體發展。

㈠　西方社會：現代化主義

　　近代西方社會文化一直致力於現代工業化價值觀念的實現。Kerr 等

人在「工業主義與工業人」 (Industrialism and Industrial Man) 這本書中，認爲工業社會藉去除無法實現的各種可能情況而趨向於現實主義 (realism)，結果會形成一壓力使對彼此衝突的利益間尋求一相互妥協。這是因爲一個工業化社會就好比一部錯綜複雜的機器，其各部份的零組件相互依存分工合作，決不能有任何差錯才使得它能順利運轉，而不致變成一堆廢料。換言之，是一種工業化的多元論i(ndustrial pluralism)❼。因此，新現實主義被認爲需要經由制度化的過程，承認個體自由及允許社會流動的存在，甚至比此更基本的精神來確保其地位❽。所以近代西方社會文化的典型是異質性高、區隔性強、結構彈性佳、尊重個人與經濟平等及徹底的制度化。生活在這種環境下的人被 Kerr 的「新浪漫主義」的觀念歸納爲：

「在工作生活圈中，他不僅要配合組織管理者且也要配合他參與的工會，……在這種有限度的『工作控制下』，工作者仍有相當的自由。但生產過程是有組織、有制度的，人們必須符合所預期的規定，否則就會破壞整個生產。而規定的遵守，可藉說服及誘因作用來達成。

在多元化工業主義下，個人在工作生活圈外，比早期其他型式社會的人有著更多的自由，……人們知識水準提高，都期望參與政治選擇，並能有效的使用各項權利。在制度下的勞工市場、行業規定及產品市場也都有合理的彈性可供人們選擇。

個人的休閒生活上將有一新的轉變，……在其他生活方面，由於沿襲經濟及政治生活的科層化保守主義，因此將走向一新的浪漫

---

❼ Clark Kerr et al., *Industrialism and Industrial Man*, Harmondsworth: Penguin, 1971 (2nd ed.), p. 265.

❽ 同上, pp. 265-6.

主義——大部份是針對社會生產面上的限制本質的反應。」❾

　這些工業化下的價值觀，如自由主義、個人主義及實用主義，大部份源自於西歐。不管 Kerr 認為工業化社會是世界潮流必然的趨勢，在史實上，現代西方社會思潮，早已被認為是「工業及法國革命下的產物」❿。　然而，　這些現世的個人主義價值觀仍有其深厚的及制度上的基礎與背景。　明顯地，　像清教徒的道德觀及中世紀社會的價值觀等皆然（Tocqueville, Tonnies 及凃爾幹等人，用它來作為討論現代社會的基本參考點）。Tonnies從中世紀的村莊家族及氏族推演出他Gemeinschaft社會的模型；凃爾幹也以調解中世紀同業公會的研究報告，馳名於世⓫。

西　　　　　方（現代化）	東　　　　　方（傳統化）
價值組型比較⓬	
重 成 果（表　現）	重 品 質
普 遍 化（平等化）	特 殊 化（階級化）
求 客 觀（中　性）	重 情 感
講 明 確	較 模 糊
自我取向	社會取向

❾ 同上, pp. 275-6.

❿ R.A. Nisbet, *The Sociological Tradition*, London: Heinemann, 1967, p. 11.

⓫ 同上, p. 16.

⓬ Talcott Parsons, *The Social System*, New York: Free Press of Glencoe, 1951, pp. 58-67. For an introduction to these variables, see Bredemeier and Stephenson, 同❺, pp. 123-128.

Parsons 的組型變項（pattern variable）曾被用來作為區分東、西方社會或傳統主義與現代主義文化組型的依據。

㈡ 東方社會：傳統主義

「強調團體和諧」及「以他人為中心」是東方文化的基本特徵，像中國。一般而言，中國人的團體性，可反應在以家族、氏族及其他血緣制度為中心來說明，它們形成一結構緊密的關係網向四方擴散。

家族是最基本的集合單位，裏面的成員都被教導成以這個集合榮辱優於個人榮辱的既定角色。利他行為（Altruism）── 可以祖先祭拜（ancestral worship）及親緣關係的維持行為說明 ── 基本上是為了維持這特定團體的一種機制性的團結方式。

個人自我（ego）的擴大，被視為與家族的永久安定相衝突。個人的雄心與自我的滿足，通常被壓抑及嚴厲的約束。唯恐他們放縱的追求，會導致分歧而破壞了整個家族的和諧。個人與其他人之間角色責任的界定並不很明確，但却是相互的。對他人道德規範上的期許無法做到時，不僅會有強烈的自我罪惡感產生，而且也容易招致團體中他人嚴厲的責難與懲罰。這種負面懲罰的壓力，是一種可引導出對他人批評在意及順從的有效制裁及控制方式。

當以 Tonnies 舉世聞名的社區社會（Gemeinschaft）與社團社會（Gesellschaft）的模型來做中美文化差異比較的基礎時，似乎兩者間有着某種對應關係存在。社區社會描述的是一種具有深厚的情感，風俗習慣及傳統色彩的社會。相對的，社團社會，它是具高度個人主義、機械化、契約式及追求私利的社會。傳統中國文化的結構基礎就是類同於 Gemeinschaft 的社會型態：

「Gemeinschaft 的基本單位模型是家族。人自出生之後，他有全權的意志來決定是否繼續留在這個家族，但他是否隸屬於這家族的這種

血緣關係，却不是他的意志所能決定。構成 Gemeinschaft 的三要素：血緣、地域及精神（或親屬、隣里及友誼關係），都包含在家族中。且血緣是組成家族的首要因素……」❸。所以在 Gemeinschaft 中團體組織的關係大多是主僕或親友關係。在此社會，人們爲了維持整體的和諧一致，不太考慮各種分歧事件。在 Gesellschaft 社會，人們爲了個人的獨立自由，不顧整體的一致。

　　總結，一般而言，東方文化像中國，趨向於强調集體主義、家族主義、階層性、一元化及結構嚴謹化（見圖2—1）。相對地，西方文化像美國，顯著的特徵是個人主義、制度化、平等主義、多元化及結構彈性化（見圖2—1）。

第三節　社會化歷程

㈠　西方社會：

　　在圖2—1上方中間偏左所列的是典型西方文明社會化歷程的本質，它是個人主義與現代化的結晶。因此在西方社會，當青少年轉變爲成年的過程中，可從家庭、學校及其他相關的環境學習到在父母權威下有較獨立的特性；他比較重視時間，做事有計畫，並能延緩滿足感（defer gratification）❹。在社會化歷程中，不僅重視獨立及自我成就的價值觀，而且還被教以競爭，自我表現及接受變異的觀念。所以，「成長」是來自於認知，「人是能主宰外界自然，控制環境；相信因果論（決定論）與科學，並有着廣闊世界平等的胸襟；能勝任所欲達成的卓越標準，持

---

❸　Ferdinand Tonr.ies, *Community and Society*, Charles Loomis, trans. and ed., New York: Harper Torchbook, 1963, p. 192.

❹　Triandis, 1971, p. 8.

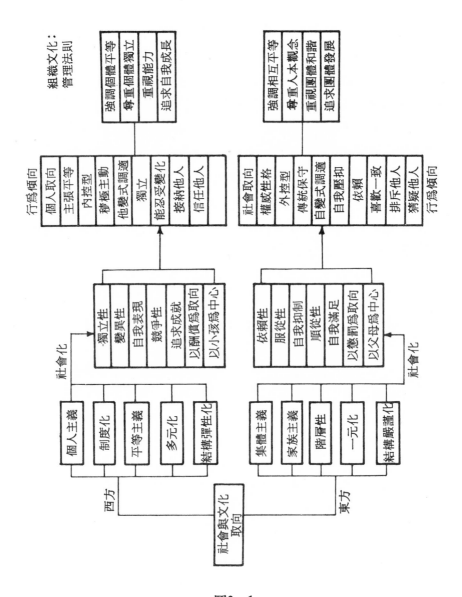

圖2—1

有樂觀進取的態度。」❶

　　更進一步，工業社會造成了生產與消費間的分離，使得生產的功能從家庭轉移到工廠。由於爲反映工業化生活的漸趨多元性，西方社會意識到父母式教導方式的不適當，而致力於非家庭或非學校的其他小孩教養方式，導出了社會化歷程是以小孩爲中心，而不以父母爲中心❶。

　　就此而論，Davis 強調美國人的社會轉化重點在「成就」、「獨立」及「競爭」以作爲身爲團體成員的規範典型：

　　「在自由民主的美利堅合衆國，所重視的問題有兩類：一是破除或減低貴族身份，另一是避免教條式規範……在作法上，它強調個人的成就，廢棄貴族的旣定地位，主張人人平等，認爲以科學方法得來的眞理優於一切。因此，致力於科學研究，重視兒童需要的滿足，去除儀式禮俗，消弭不合理不科學的教條規範。在個人需求上是明顯的個人主義論者。在倫理道德的決定上是仰賴科學實證，對世界未來的發展方向上是一個知性的理性者。」❶

　　㈡　東方社會：

　　中國社會化模式，清楚地是以訓誡式的諄諄教誨爲主。無法教導小孩成材是爲人父母者的恥辱，並使家庭及祖先蒙羞❶。對青少年教育方法採教條式的負面懲罰方式及對權威性的順從。小孩對父母必須絕對的服從，這是隨處可見的，因此……雖然父母須教養小孩，但他們有無上的權威來中止這關係……因爲，中國悠久文化傳統的重心，就是運用強

❶　同上。
❶　Kingsley Davis, *Human Society*, New York: Collier-Macmillan, 1969, p. 219.
❶　同上, p. 221.
❶　D. Y. F. Ho, "Traditional Patterns of Socialization in Chinese Society", in pp. 29-30.

烈的制裁力量使個體不得不忍受或屈服，且它通常是有效的⑲。

當然，並非所有強制式的處罰都能達成服從的行為。事實上，中國文化傳統還教化人們自我約束及自我壓抑，換言之，卽在人格上發展「超我」(super-ego)道德觀的潛能。這些超我的人格特質，包含對父母、長輩孝順或在倫理道德上恭敬的服從。

在這種權威性格教養方式的理論背後，中國人的社會化有道德及經濟的雙層意義。中國人大多認為純真的小孩是一個四周環繞着大人教導下的被動接受體；需要用倫理道德的箴言諄諄教誨，並以文化所要求的來塑造其人格品行。這觀念與認為小孩的本性會自然成長的看法有强烈的對比⑳……在經濟上，中國家庭領域內的交易法則特徵是遵守着父母教養子女，到年老時，子女奉養父母代代相傳的「報」的原則。這種良好的規範可以發現存在於社會化歷程中，以致在中國小孩的心目中，對於年老的父母有兩主要的義務：卽誠 (honour) 與養 (provide)。以上所提種種的中國社會化歷程特徵㉑，可見圖2—1下方中間偏左部份。

第四節　行為傾向與組織文化

比較了東、西方文化價值及社會化組型的基本差異後，對於這些差異造成工作環境中社會行為的影響問題，可以明確的來討論；同時也可使這兩不同文化內的組織管理哲學的方向有較清楚的瞭解。

本章前面曾提及東、西方在工作行為傾向及組織文化上的差異，可以下面約略的比較來說明：

---

⑲　同上，p. 32.

⑳　同上，p. 31.

㉑　同上，p. 33.

西 方　　　　　　　　　　　東 方

行 為 傾 向

個 人 取 向	社 會 取 向
主 張 平 等	權 威 性 格
內 控 型	外 控 型
他 變 式 調 適	自 變 式 調 適
積 極 主 動	傳 統 保 守
獨 立	自 我 壓 抑
喜 歡 變 化	依 賴
接 納 他 人	喜 歡 一 致
信 任 他 人	排 斥 他 人
	猜 疑 他 人

組 織 文 化
（管 理 法 則）

強 調 個 體 平 等	強 調 相 互 平 等
尊 重 個 體 獨 立	尊 重 人 本 觀 念
重 視 能 力	重 視 團 體 和 諧
追 求 自 我 成 長	追 求 團 體 發 展

　　Hofstede 運用了四個連續性的計量評價向度，以在組織行為上的特定傾向來說明這些文化特質的差異情形。這些變項是權力差距（power-distance），對不明確性的規避（uncertainly avoidance），團體性──個人性（collectivism-individualism），男性化──女性化（masculinity-feminity）❷❷。

---

❷❷ Geert Hofstede, *Culture's Consequences: International Differences in Work-Related Values*, Beverly Hill: Sage Publications, 1980. Figures. II. 1-5 in this Chapter are based on this work.

我們以東方（日本、香港、新加坡及臺灣）及西方（澳洲、大英國協、加拿大及美國）社會在四個向度的分數來比較，如表2—1。

表2—1　四個評價向度的泛文化比較分數

	權力差距	規避不明確	個人主義	男 性 化
香　　　　　港	68	29	25	57
日　　　　　本	54	92	46	95
新　　加　　坡	74	8	20	48
臺　　　　　灣	58	69	17	45
（平　均　數）	64	50	27	61
中 國 人 的 平 均 數	67	35	21	50
澳　　　　　洲	36	86	46	56
加　　拿　　大	39	48	80	52
大　英　國　協	35	35	89	66
美　　　　　國	40	46	91	62
（平　均　數）	38	54	77	59
40個國家的平均數	52	64	50	50
40個國家的標準差	50	24	25	20

資料來源：摘自 Hofstede, *Culture's Consequence*. S. Sage Publ.

　　權力差距，卽測量在兩個體間權力的不公平程度，是以組織內上層人員對下屬人員行為左右的程度，及下屬人員對上層人員行為影響的程度之差異來評估。在強調「整體統一化」（monolithism）的東方文化裏，高程度的權力差距是很典型的。像帝制時代的中國，孝道倫理加上

階層次序嚴謹的社會關係網，並配合一堆語文及行為規則界定着各角色的權力範圍。

　　相反地，西方社會在工業多元化的衝擊下，權力差距的不公平情形，很少被論及——下屬團體與領導階層的競爭是受鼓勵的；由於組織成員，一般而言都隸屬於好幾個團體，所以領導者對其成員的控制權力有限；此外，民主政治的倡行，資訊來源的獨立，都在在降低了不公平情形。

　　權力差距因特異文化所造成的差異，可以 Hofstede 的泛文化研究來實證，在表2—1裏可看到東方社會，如新加坡、香港、臺灣及日本在權力差距上有較高的分數。

　　權力差距常模上的差異對組織行為的意義很值得注意。如表2—2所列，為以社會化與組織行為及工作態度等來說明高低權力差距的各別徵狀。

表2—2　權力差距指標在組織行為上的意義

低權力差距指標	高權力差距指標
社會規範上	
1.降低不公平。	1.劃分高低階級。
2.全體彼此依賴。	2.依賴領導者。
3.全體權利平等。	3.管理者有特權。
4.強調酬償性、法定性及專家性權力。	4.強調強制性及參照性權力。
5.上層者與下層者最後是和諧的。	5.上層者與下層者最後是衝突的。
6.管理者與被管理者認為彼此是同等的。	6.管理者與被管理者認為彼此是不同的。

組織行為結果

1.分權制度。	1.中央集權制度。
2.平臺型的組織結構。	2.金字塔型的組織結構。
3.較少的管理者。	3.較多的管理者。
4.勞心、勞力者同等階級。	4.勞心者優於勞力者。

「規避不明確」是表在組織或其他環境中能忍受曖昧程度的多少為指標。依據 Hofstede 的看法，傾向權威主義者是被視為與能忍受曖昧不明的程度相關較高，而不與依賴權威的程度有關。在企業組織中，內部情況不明，或會在認知上產生調適，或會以 Hofstede 的術語，出現規避不明確的作法。「他們經由逃避一些須對不明確未來事件預測依賴的計畫，而強迫去對當時情境按標準作業程序行事，遵照傳統作法，並藉某些控制方式來強化一些可增加自己信心的計畫。」[23]

Hofstede 使用了一份包含三個問題的量表，來測量40個國家的規避不明確性的剖面圖，所用的問題包含下面：

(1)規則化傾向。

(2)職業穩定性。

(3)對壓力的知覺。

這些泛文化比較的分數結果，如表2—1所示。在東方文化中，香港與新加坡都屬於低規避不明確指標組，而日本與臺灣屬於高規避不明確指標組。

人們在規避不明確特質上的差異，會造成其社會規範及運作組織行

[23] R. M. Cyert and J. G. March, *A Behavioural Theory of the Firm.* New York: Wiley, 1963, p. 119.

為型態上不同的取向。相關的討論列於表2—3。❷❹

表2—3　規避不明指標對組織行為的意義

低規避不明指標	高規避不明指標
社 會 規 範 上	
1.能接受不明確。	1.能理解不明確是一種必須抗拒的連續威脅。
2.較閒散，壓力低。	2.存在有高焦慮及壓力。
3.藐視攻擊行為。	3.能接受攻擊行為。
4.能接受不一致。	4.強烈渴望一致。
5.較不傾向保守主義。	5.傾向保守主義，尊重法律及秩序。
6.富冒險性。	6.着重安全性。
7.在認知中求發展。	7.在穩定中求發展。
8.強調相對主義及實證主義。	8.尋求最基本及絕對的真理與價值。
9.社會組織結構鬆散。	9.社會組織結構嚴謹。
組 織 行 為 結 果	
1.較少規劃的組織活動。	1.組織活動較有結構性。
2.較少成文規章條例限制。	2.較多的成文規章條例限制。
3.多元化的組織取向。	3.單元化的組織取向。
4.員工異動率高。	4.員工異動率低。
5.較多的雄心抱負員工。	5.較少的雄心抱負員工。
6.工作滿足感較低。	6.工作滿足感較高。

❷❹ Hofstede, 同❷❸, Figs. 4.3, 4.4, 4.5 and 4.6, pp. 176-187.

7.儀式或慣例行為較少。	7.儀式或慣例行為較多。
8.依規定行事取向較弱。	8.強烈的依規定行事取向。
9.對僱主忠誠並不代表是一種美德。	9.對僱主忠誠被視為一種美德。
10.喜歡自組小公司當老板。	10.喜歡當大公司的老板。
11.主管的任用並非依據年資。	11.主管的任用主要依據年資。
12.成就動機強。	12.成就動機弱。
13.對於個人的進步雄心萬丈。	13.較不熱衷於個人進步成長。
14.權威階層制度可因實際的理由而有所改變。	14.權威階級制度是清楚並受尊重的。
15.組織內的衝突現象被認為是自然的。	15.組織內衝突現象令人厭惡並受壓抑。
16.交付部屬的權力是徹底的。	16.交付部屬的權力須要時時檢查而有所保留。
17.能忍受對他人態度的不明。	17.不能忍受對他人態度的不明。
18.對於人的進取心、雄心抱負及領導技能持樂觀看法。	18.對於人的進取心、雄心抱負及領導技能持悲觀看法。

　　第三個數值，個人主義對集體主義。在本章前面曾從不同的角度探討過。在區別中國與西方的差異上，Hsu 觀察發現「人格」對東方思想模式而言是外來的概念。中國「人」這個字，不僅包含着他個人本身，還蘊涵着所以成為界定他存在的社會或文化的一部份的本質。因此，華人領域社會，如臺灣、香港及新加坡，在 Hofstede 個人主義向度的分數明顯地低於歐美社會，像美國。另一個承襲儒家傳統的利他行為趨向概念是「面子」。關於「面子」問題的主要重點是在於當個體面對他人時，雖不一定出自內心，但却是敏感而不可避免的事件——如何保持面子上。

　　這是因為當個人，或其行為，或與其有親密關係的親友無法做到配合他社會地位所賦予他的倫理道德基本要求時，他就失掉了面子(丟臉)

㉕。換句話，在「面子」的約束下，他是他人取向的。

　　在 Hofstede 個人主義指標的泛文化調查中，西方文化社會，像美國、加拿大、澳洲、大英國協等都顯示高分數。而東方社會像臺灣、新加坡及香港，則集中在低分數這端。日本是介於兩者之間。這些差異在社會與組織行為及態度上的意義，示於表2—4。

表2—4　個人主義指標對組織行為的意義

低個人主義指標	高個人主義指標
社　會　規　範　上	
1.「羣體」潛意識心理。	1.「個人」潛意識心理。
2.集體取向。	2.自我取向。
3.以社會基礎為本質。	3.以個人基礎為本質。
4.個人的依賴性源自組織及機構本身。	4.個人的獨立性源自組織及機構本身。
5.強調隸屬於組織，以組織為榮。	5.強調個人的進取心及成就感，以個人的領導才能為榮。
6.個人的私生活可被所屬的組織及團體干預，而個人意見的表達是預先做好安排的。	6.認為每人都有私人生活及表達個人意見的權力。
7.由組織、團體提供專業知識、指示、責任劃分及安全保障。	7.自我追求自主性、變化性、愉悅生活及個人的經濟安全。
8.親友關係是由社會關係所界定。	8.需要尋求特定的親友關係。
9.相信團體所決定的一切。	9.相信個人所決定的一切。
10.在不同的團體中有各不相同的價值標準，其有特殊性。	10.其價值標準可適用於一切情況是宇宙性的。

㉕ D. Y. F. Ho, "On the Concept of Face", *The American Journal of Sociology*, Vol. 81, no. 4, January 1976, p. 867.

組織行爲結果

1.以組織的主要精神爲個人投入的目標。	1.以組織的主要利益爲個人投入的目標。
2.員工期望組織照顧他們 像 家 庭 一般，假如組織無法滿足他們，則會產生疏離現象。	2.組織並不被員工期望對他們終身僱用。
3.組織對成員的幸福有很大的影響力。	3.組織對成員的幸福祗有適度的影響力。
4.員工期望組織能維護他們的利益。	4.員工的利益要靠自己去爭取。
5.以忠誠及責任爲政策與運作的基礎。	5.政策與運作方針須顧及個人發展。
6.激勵作用源自組織內部。	6.激勵作用源自組織的內部與外部。
7.以資歷爲激勵重心。	7.以市場價値爲激勵重心。
8.在管理觀念上較趨保守。	8.管理者試求趕上時代，並追求現代管理觀念。
9.政策與運作方針的改變是依據外界環境的相對關係。	9.政策與運作方針是適用於所有情境。

　　男性化——女性化向度區別了特定文化社會所需求的角色型態。一般而言，家庭是傳遞及教導所賦予的角色的主要機制，同時也傳遞着相伴隨的價值觀。所培育出的男性化或女性化程度通常是反應父母之間或成人男女之間在角色上的差異情形。在 Hofstede 的男性化測量上，日本最高分，其他亞洲國家在中間。比較上，四個英美國家的分數在平均值之上（見表2—1）。這個向度上的差異，在社會及組織的行爲表現結果，列於表2—5。

表2—5 男性化指標對組織行為的意義

低男性化指標	高男性化指標
社會規範上	
1.以人本為中心。	1.以金錢或物質為中心。
2.重視生活素質及環境。	2.重視個人表現及成長。
3.為生活而工作。	3.為工作而生活。
4.以服務為典範。	4.以成就表現為典範。
5.彼此相互依賴協助。	5.強調獨立性。
6.強調直覺、機運。	6.強調因果關係。
7.對不幸者同情、憐憫。	7.對成功者認同。
8.在階級性上：不企求超越他人。	8.在能力表現上：追求完美及最好的。
9.視小及慢為美。	9.視大及快為美。
10.男性不一定要堅強肯定，只要注意到自己的角色卽可。	10.男性應該是堅強自我肯定的；女性應該是體貼細心的。
組織行為結果	
1.有些青年人想出人頭地，有些則否。	1.青年人都期望出人頭地，他們不認為自己是一個失敗者。
2.認為組織團體不該干涉到人們的私生活。	2.為了組織團體的利益，可干涉人們私生活。
3.有較多的女性居高職位並受較好待遇。	3.較少的女性居於高職位及接受較好待遇。
4.位居高職位的女性並不專橫。	4.位居高職位的女性大多非常專橫。
5.工作壓力低。	5.工作壓力高。
6.組織衝突少。	6.組織衝突多。
7.工作的改革訴諸團體整合。	7.工作的改革訴諸個人成就。

　　在權力差距、規避不明確、個人主義、男性化四個指標泛文化的相關研究。Hofstede 發展出一套包含組織——文化情境的四類組合。亞洲國家被歸於「高權力差距與低規避不明確」的這類組合上，其典型的組織結構是人事科層制度 (personnel Bureaucracy)，組織模式是家族式制度。

　　相反地，歐美文化特徵是「低權力差距與低規避不明確」這類組合上。他們傾向於較富彈性的組織結構，及重視市場取向的組織型態。

第五節　討　論

　　權力差距，規避不明確，個人——集體主義，男性化——女性化的觀念，在不同的文化下對於說明行為、態度及傾向的差異提供了一個有用的參考。這些差異已受重視，並協助東西方社會企業組織間在人事及管理策略的對比上，做了一個很好的說明依據。

　　因此，管理者若能判定組織成員的行為，對制定這企業組織的目標與管理哲學而言是很重要的。

　　西方的管理實務上，已有 McGregor 所提出的兩個著名理論——X理論與Y理論。X理論歸納了傳統的美國人或西方人對運作組織中成員的看法。基本上，它假設人類對工作的負性面；首先，它認為人們不喜歡工作，除非在負面的強制及正面的誘因下，否則他們會傾向逃避工作。再者，人們在執行他們的工作時，必須給予指導及控制；不能信任他們或讓他們自由發揮。因此西方傳統的管理法則，顯明地是以控制、指導及統合的方式為重心。X理論所設定的觀點因此主宰著美國管理思想主流到六十年代。在當時，它給大多數美國企業組織提供了科學管理的存在理由。然而對典型的美國公司而言，這種權威式的管理型式，造成了管理者與員工之間低信任感，相互猜疑及敵對的局面。這些現象終

變成企業內衝突的主要因素。

因此，X理論被 McGregor 又提出的另一對立理論——Y理論，所取代。

Y理論的基本假說如下：人們並不討厭工作。實際上，它是發自內在滿足感的泉源。因此外在的控制、指導、或壓迫通常不能得到預期的效果。人們在本質上並不會不喜歡責任，反而會主動去尋求它。如果給予適切的機會，人們是富有想像力、純真及有創造力的。像智慧、想像力、創造力及進取心等本質並不只有頂尖的少數人才具備，它們在一般人身上也都具有並可發現。

在個體與組織間整合上，以Y理論來取代X理論已發揮功效。在社會科學理論中，它所創設的觀念廣泛的被當作基石來應用。雖然觀點上和X理論相對立，但在美國企業組織中却運用的相當廣泛，尤其在學術研究及計畫上，Y理論很具啟示作用。另一方面，X理論與Y理論兩者都有對人類本性及行為的基本假設 —— 但 Y 理論較不以現實生活為基礎，而以社會科學家的人本精神及道德理想為骨幹。所以雖在管理領域上已發展為一建構理論，但Y理論仍須在實際工作情境中求驗證。

此外，最近新崛起的管理理論——Z理論，是由大內（Ouchi）參考東方文化所發展的。它是一些美國企業組織運用日本式管理方法所歸納出來的經驗結晶。Z理論在某部份和Y理論相類似；兩者共同強調開放性、公平性及平等性，並且都相信人們對事物的判斷力，有責任感，能憑著良心不受約束的行事。而在處理成員的團結與組織的整合上，Z理論是優於Y理論。總之，領導者的賞罰與管理能力不再是唯一重要的成功關鍵。Z理論最值得強調的是在團隊的建立及整體動力維持的功效上，它著實的發揮了長處。

我們可以這麼說，Z理論所陳述的管理哲學邏輯及型態，就是現行

日本企業組織的管理方式，不過兩者在決策過程上有些差異。在日本，決策是經由工作單位的全體成員共同正式的討論出來的，通常它可以持續很久的一段時間。在 Z 理論下，雖然組織也允許更多的人投入決策行列，但最後的決定仍然由最高管理者來確定，除非這個決策例行地須由全部成員共同來決定。

這同時也引起了人們對中國式企業組織成員的集體投入現象產生興趣，因為中國企業組織在管理者像大家長的領導下，一向被認為是個整體性很強的集合體。對於共同意願及期望的認知，通常用不着表達就隱涵在一般的瞭解期待及象徵型體上。因此 Hsu 評述：

中國人的生活型態使得他們能長久的維持其親緣關係，並深以為樂。在中國時，我大學校長，是一位從美國獲得博士學位的學者，當他企圖想把學校看做是一個「大家庭」來激勵同學們的愛校心時，却遭到學生及全體教授的嘲笑。中國人不曾使用「家」這個字來稱呼組織，因為組織本身就具有家的涵義❷。

由於文化中的依賴特性，孕育着每個人……所以人們通常都會透過他人或經由團體上下的合作來尋求及確保個人安全。這意味着當彼此之間有差異或衝突欲尋求解決時，會傾向折衷及妥協方式，而不採取全或無定律……人們的本質傾向並不會為了高薪或較好的工作環境與老板及管理者正面爭執，但他們會藉着經由賢達者的仲裁或家族的情繫，友誼及鄰里或鄉親的情結來達成所需要的❷。

中國人的工作道德及處世哲學，是採用概化的彈性觀來看人的人格及行為。認為人們會傾向中庸、謙虛及追求平等一致，且儒家的思想觀

---

❷ Francis L. K. Hsu, *Americans and Chinese,* London: The Cresset Press, 1955, p. 322.

❷ 同上，p. 318.

念認爲人們的性格及行爲是開放可塑與性本善的，卽是對人本質的多元化觀。

對於工作組織而言，中國對人行爲的看法有幾點意義。首先，瞭解到個體是能夠經由教導或其他社會化歷程來改變與導正。這種改變歷程通常在不知不覺中形成的。第二，在人們日常生活的接觸及互動中，會依據所處環境及對環境的知覺而表現出中庸、謙虛、保守與防衛等多元性。第三，就如同 Z 理論及 Y 理論一般，深信個體內部存在着一種能力，只要人們能被提供一適當機會去求自我實現，則就會爲着人類共同的幸福去創造、投入、表現及貢獻。同時在社會風氣及道德上也鼓勵人們應不顧個人犧牲及不滿而爲團體的榮譽奉獻與投入。

換言之，中國式管理，顯示了一個「整合次序」(integrative order) 及「利他成就」的例子。——卽每個人在「互惠互助」（報）(reciprocity) 的道德規範環境下，心中都懷有追求整體的和諧與發展，人本的態度與相對的平等之美德。

第三章　知覺與適應

第一節　導　論

㈠ 概念：

知覺（perception）可用多種方式來界定，譬如「是人們對於感覺刺激的一種經驗，用來提供外界實體意義的一種有選擇性及組織性的過程」❶。這種過程是個人在環境中選擇性的辨識各種事物；這些感覺輸入（sensory input）會形成對個體的一種刺激（stimuli），人們經由個人過去經驗、價值觀、需求及傾向來說明評估它們。這種認知評估的結果，我們稱之為「反應（response）」。「知覺本質上是一種天生的普遍性的或自動性的過程。然而，由於個人的過去經驗、需求及價值觀的不同，對於相同的事物情境，不同的人會有不同的知覺反應。

㈡ 影響知覺的因素：

基本而言，知覺過程是元素的選擇及組合的過程。刺激的選擇一般是一種閾值（threshold）的考驗，強度或體積在閾值以下的刺激常被忽視。再者，在知覺過程中資料或訊息的傳遞必須組織起來，如此才能符

❶　Blair J. Kolasa, *Introduction To Behavioral Science for Business,* New York: John Wiley & Sons, 1969, p. 211.

以具體的意義, 知覺組織的效果決定於接近性 (proximity)、 相似性 (similarity)、共同運動性(common movement)、連續性 (continuity)、封閉性（closure）及熟悉性（familiarity）❷。

　　一般對知覺歷程的分析包含三個向度: 卽⑴個體特性⑵情境特徵⑶個人知覺。

　　知覺者的特性會影響對輸入刺激的解釋有: 個體的期望及防衛機轉 (defense mechanism), 如投射 (projection)、 刻板印象(stereotyping)、轉移 (displacement) 及選擇性注意 (selective attention)❸, 防衛機轉是個體處理自我涉入 (ego-involving) 挫折時的適應技巧, 經由防衛機轉, 個人才能維護自我形象, 來面對那些傷害自尊的訊息。第一種防衛機轉——投射是武裝個體藉着將他自己被禁止的與不被社會所接受的願望及動機, 歸因到別人身上, 使自己免於罪惡感及失敗。

　　Gears (1963) 從其研究指出, 個體有咨嗇及搞亂傾向的人比沒有這些特質的人較喜歡把這些特質加諸在別人身上。尤其在敵對情境下, 如工人與管理者之間, 兩者任一方都喜歡自己的猜疑, 惡意歸因到對方身上。

　　第二種機轉, 刻板印象可發生在任何不同的個體及團體身上, 它是把他們之間由臆測來的相似性概化及簡化至衆所周知的單一實體上。因此, 刻板印象意含着「對於所有新經驗, 尤其是人, 使用過去習得的象

---

❷　對於這些因素的討論, 見 Theodore T. Herbert, *Dimensions of Organis-ational Behavior*, New York: MacMillan, 1976, pp. 192-194; 亦見 William G. Scott and Terence R. Mitchell, *Organisation Theory*, New York: Irwin, 1976, pp. 84-86.

❸　對於這些防衛機制的探討, 見 Alan C. Filley, Robert J. House and Steven Kerr, *Managerial Process and Organisational Behavior*, Glenview, Illinois: Scott, Foresman and Co., 1976, 2nd ed., pp. 58-60.

徵符號，加以歸類」。這些象徵符號包含着一些顯著的線索可用來歸類。這些線索中，較重要的有民族 (race)、人種 (ethnic)、背景、社經地位等❹。由於個人及情境是萬分複雜的，以致於使用這些簡單的線索，會有過份簡化的危險，但刻板印象能夠使個體單獨且迅速地來評估一組複雜的行爲式特性，達到「製造」(fabricating) 的功能。換言之，它可迅速的提供我們預測行爲。Haire 及 Grunes 在 1950 年的研究中發現，刻板印象使得人們無法分辨出「聰明的工人，都被認爲是製造廠的工人，還是製造廠的工人都被認爲是聰明的。」

第三種防衞機轉——移轉，是指攻擊或外加情緒，如生氣、害怕、怨恨等行爲，從原目標人或團體轉移到較可發洩與不會遭受抗拒的目標人或團體上。這種情緒轉移到另一目標物，依 Torgersen 及 Weinstock (1972) 的研究認爲在支持偏見及種族歧視的社會中到處可見。

「選擇性知覺或注意」在每天的知覺歷程中是很容易察覺到的。訊息傳到個體要經由受熟悉性所界定的心智網來過濾與接納。結果，對人們來說只注意對他們是顯著重要的及有關聯的部份是很正常的。所以，會計師及銷售主管只對財政銷售問題感興趣，而生產部門經理則只對存貨問題的解決感到煩惱。「選擇性」的知覺在企業中對於溝通及決策過程的影響至鉅，像藉着給予個體想要聽的東西，及強化個體去高估過去經驗及環境的重要性，即可達到所欲訴求的目的。

上面所提的這些防衞機轉幾乎在所有的組織中存在，而且個體與個體之間殊少差異。除外，有一些其他的知覺歷程方式，雖說對於個體自我的保護沒有很直接關聯，但在影響他對訊息的解釋上有着重要地位。「期望或預期」(expectancy or expectation) 就是其中之一。它代表

❹ Abraham Zaleznik and David Moment, *The Dynamics of Interpersonal Behavior*, New York: Wiley, 1964, p. 35.

着個體存有一「知覺心向」(perceptual set)——對於即將來臨刺激的一種內部預期反應。這種心向大部份決定於對刺激的熟識程度。再次,是所謂的「月暈效果 (halo effect)」這是指個體傾向將某人的某一特質或特徵概化到此人的其他特性或特徵上。通常這些全面或片面印象深刻的訊息就是被用來推論這個體的表現或特質的依據。月暈效果對於知覺者實際看到並作判斷的事物,可產生正面或負面的作用。因此,當屬下犯了一次錯誤,可能會影響其上司對其能力的不利評估達一長久時間。相反地, 若上司對一新僱員印象深刻的話, 將會形成對他一持續地好評, 而不考慮其實際的表現。通常, 在有限的訊息及事實下,假若所欲評估的事物涉及道德問題, 或評估者對所要評估的事物所知有限並且是熟識的, 則月暈效果的作用最大。

　　知覺並不只發生在個人身上, 也發生在整個社會情境現象上, 譬如在組織情境上, 一個由對其層層成員之職務、地位及預期行為角色都有其界定的組織。 一個人是否受到讚許的知覺態度, 是經由對於他所佔據的角色與對於此角色的社會規範下所預期的行為之相對比較下而界定的。甚至, 團體的價值觀、意向及期望都會影響着個體內在或外在對整體的知覺架構。很明確地, 參考團體 (reference group) 對於認同它的個體而言, 在態度形成、內化價值及對事物的解釋上——換言之, 即知覺的形成上, 就有絕對的影響力❺。再者, 經由對刺激與周圍情境整合歷程的內化, 訊息只有在特定的環境參考架構下才有其特定意義。所以一刺激可符合多種涵義, 這是由於周圍情境可以用來協助確認一明確外顯行為背後的動機及意圖❻, 為反應內化的元素, 一訊息有時是以隱含

❺ J. A. Litterer, *The Analysis of Organizations*, New York: John Wiley, 1973, p. 107.

❻ F. Heider, "Perceiving the Other Person", in E. P. Hollander and R. G. Hunt (eds.), *Current Perspectives in Social Psychology*, Oxford University Press, 1967, p. 316.

的方式來傳遞,而其內在深層意義就必須參考其傳遞的情境脈絡來辨識。所以,中國人的習慣,有時是難以思議的,當管理者及上司要對屬下表達他們自己意思時,通常是使用隱喻性的表示而較不使用直接的命令與面質 (confrontation)。下面是典型的一個中國企業組織的勞資關係:

「在任何情況下,中國人都不喜歡面質 (confrontation) 情境,而認為這樣的事宜可交由正式的單位去負責。『面子』對老闆與員工兩者來說都是很重要的,直接的質問及抗辯,對一方而言是一種危險,對另一方而言是嚴重有害的挫折。對於可能的爭論可藉『值得信任的仲裁者』的調解加以避免。對於抱怨,常運用暗示或不直接關聯的動作來表示;對於讓步則是出自志願的退讓。」❼

知覺的第三個向度是有關於人際間互動過程中的知覺情形。Scott 及 Mitchell 稱之為「個人知覺 (person perception)」❽ 它可依三個部份來分析:⑴被知覺的事物;⑵知覺者本身;⑶情境。個人身體特徵(如姿勢、型態、臉部表情、顏色)、社經特徵(如教育地位、職業地位及居住地位)、生活歷史(如家庭、教育、宗教、工作及民族等背景)及人格特質等都會影響別人對他的印象,所以也影響着他們對他的態度及行為。相互地,在建構知覺者對他人的看法與評價,尤其是在愈趨複雜的意見形成 (opinion-formation) 過程中,上面同樣的因素也都扮演着極顯著的地位。如 Fielder 的領導研究,證明了領導者知覺其同伴的知覺型態,顯著地決定於在他們所工作的一隨意情境下的工作表現❾。附

❼　H. A. Turner et al., *The Last Colony: But Whose?* Cambridge: Cambridge University Press, 1980, pp. 13-14.

❽　Scott and Mitchell, 同❷ pp. 86-89.

❾　Fred E. Fiedler, *A Theory of Leadership Effectiveness*, New York: McGraw-Hill, 1967.

隨地，在一提供了知識、符號與訊息交換的意義的環境架構之情境下，知覺者與被知覺是被視為彼此互動的。

以上所說的這些知覺向度，我們摘要在圖 3—1 之細格1。

Herbert 強調經由前面所提的如刻板印象化及月暈效果的機轉在組織中的知覺歷程及適應行為上，幾乎採用了類同的方式。此外，在組織及工作情境中，知覺會受到心理因素如公平性及認知失調因素的影響。

知覺是否公平可以相對於他人之酬償與投資的相等與否之公式來表示，如下：

$$\frac{甲之酬償}{甲之投資} = \frac{乙之酬償}{乙之投資} = \frac{丙之酬償}{丙之投資}$$

當感覺到不相等時，不公平的感受就會產生。個體會企圖採取下列幾種普遍的適應方法來處理他們知覺到的不公平情況：

(1)改變自己的酬償或投資之一使其達到相等。

(2)知覺上歪曲酬償或投資。

(3)逃離不公平的情境。

(4)改變對方的酬償或投資。

(5)改變參考對象。

認知失調，指稱一種與個體期待相反事實的不愉快心理狀態。一個人對自己的決定與行為的知覺，將有助於「失調」的產生。此時，個體會使用修正行動來免除其失調或不平衡。一般的適應策略包含有(1)改變行為上的認知元素；(2)改變環境上的認知元素；(3)添加新的認知元素。行為上認知元素的改變包含個體改變其行為、態度或意見的意向，如此他才能和外界實際情境相一致。另外在認知上，改變環境本身使得它符合個體的期待或許是較易被接受與使用的方法。

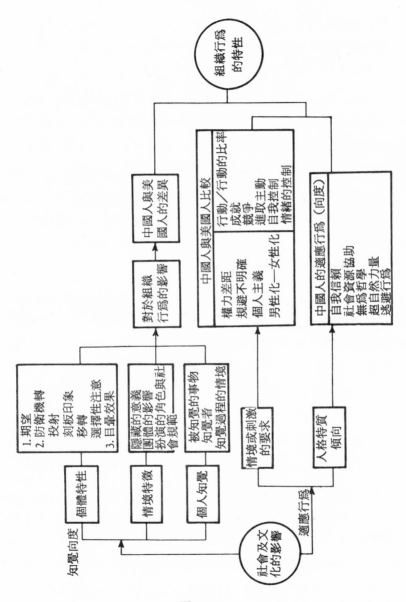

圖3—1

適應策略與行爲

當個體處於解決與其幸福有極大關聯的需求的努力時，我們可看到調適行爲的產生。需求本質對個體的幸福而言，也許是負面且不受喜歡的，也許是正面並想欲的。 在這情況下， 這些需求就會影響個人的知覺、行動與反應。換言之，當產生與自然狀況有變化與差異的行爲時，就會引發個體的適應行爲來修正這差異，並回復到自然狀況下。這些行爲上的趨向及行動就是所謂的「適應活動（coping activities）」。而適應策略在涵義上即爲那些被人們使用的適應行爲的典範，它是依據情境或刺激需求的來源分析出來的。另外，這些行爲組型也會受到個體的人格特質所影響作用。

對於外界壓力及在心理不愉快時，所使用的適應策略的選擇是受個體的喜好所決定。這種選擇通常涉及到文化因素。例如：黃光國（1977）描述了中國人在處理威脅及不明確狀況時會尋求五種資源典型來解決。第一、 自我依賴（self-reliance）是經由強化個人的自信心達成間接的解決問題。 第二、 社會依賴或外界資源依賴 self-disclosure，黃先生發現年輕的中國人在處理緊急事件時，得助於同儕的幫助是十分普遍的現象。一般說來，臺灣國中學生願意做自我揭露的對象，依序爲母親、最喜歡的朋友、父親、及普通朋友（楊牧員，1980）。第三種管道，是尋助於超自然的力量，如問神拜佛。第四種是來自道家主義的無爲而治的哲學。第五種是逃避行爲，逃離給個體壓力的情境。

在個體遇到問題需應變時可利用這些資源下，產生了六種適應行爲。個體在處理他的問題時會產生⑴自我信賴；⑵控制環境；⑶發展自信心；⑷忍耐熬住；⑸和他人保持和諧關係；⑹安分守己，接受自己現狀。依據黃光國研究年輕的中國受試者，發現他們喜歡採用自我信賴、趨向於訴諸外界社會的協助及傾向於道家無爲而治的哲學策略。

適應行為的研究才只是最近幾年發展出來的方向，因此要找到與中國人的發現相當的美國資料來作比較並不容易。雖然如此，相類似的研究可發現在 Diaz 1973年對於七個社會的泛文化研究，包括日本、美國及大英國協（U. K）在內。其中日本與美國的對比，Diaz 描述了八個向度可為存在於美國與中國組織中差異情形提供間接的線索參考。這些向度變項敘述於圖3—1下方右邊的細格中。至於美國——日本間在這些向度上的分數情形列於表3—1。

表3—1 日本人與美國人在適應型式上的比較

變 項	美 國	日 本
1.行動 Vs. 不行動。	.72	.53
2.行動比率。	.67	.45
3.工作成就 Vs. 人際關係。	.82	.55
4.競爭 Vs. 合作。	.46	.13
5.自我上進 Vs. 被動。	.61	.42
6.實用性 Vs. 幻想式。	.76	.47
7.正向的自我概念 Vs. 負向的自我概念。	.76	.46
8.總活動分數。	.61	.55
9.情緒控制 Vs. 不控制。	.74	.57

它顯示出在「行動取向（action oriented）」上日本人比美國人更積極，所以表現出較高的行動比率。這意含着他們有較大的傾向，實際採取行動來解決問題。在日本，人們也較傾向於工作成就取向，但同時也維持着和諧的人際關係。在說明競爭與合作這個向度上，日本人表現了較強的競爭傾向。事實上，日本人在其他向度上，也都一致維持着較高的趨向，像上進心、自我概念、情緒控制及實用取向上。

Diaz 的發現闡明的與其說是個體的適應行為本身， 倒不如說是他

們對於情境需求的反應的泛文化研究。因此，美國人與日本人社會間的差距情形，並不能全然地說明中國人與美國人分歧的分析上。另外，在競爭與合作方面，李美枝等人（1979）以臺灣及香港國小學童為對象，探討年齡與此兩種行為的關係，發現年齡（年級）越大，合作行為逐漸增多，顯示在中國文化的影響下，社會化的程度越高，合作行為越多，這顯然與美國的情形不一樣。

前面討論過的 Hofstede 對於權力差距，規避不明確，個人主義及男性化——女性化等有關工作價值觀的泛文化調查，對於中國人——美國人在工作組織中，個體與組織對於需求與刺激應變上的某些差別的分析上也是很重要的。因此，傳統社會中許多根深蒂固且制度完整的不公平現象常提昇了在工作或勞資環境中較大的權力差距——如家長式的管理作風。而高權力差距的組織，相對地對於外在的及強制性的控制需求也較大，為的是能永久的集中權力及下面成員的依附。在香港，獨裁式的管理作風，常被歸因於傳統中國家族價值觀念的影響，它合法的權力差距是來自於年齡及某些其他因素的差別：

「當有外人被僱用時，他們將會被吸收進這家族裏。在家族中，每一成員被期待為這整個家族的幸福貢獻最大的努力，並且也共同的分享着它的幸運與不幸。聖人孟子曾將勞動者區分為：有些人勞心，有些人勞力。勞心者管理勞力者，勞力者被勞心者管理。勞力者供養勞心者，勞心者被勞力者供養。」……❿

經溝通網絡來看，中國式的組織常傾向於線型的網絡，表示組織中的命令下達完全是由上而下的下行溝通，下層除了接受以外很少有回饋的機會（黃光國，1982），同時，在開會時，大致都是上階層的幹部在

---

❿ Sir Sik-nin Chan, "Family Management in Hong Kong", *The Hong Kong Manager*, vol. 6, no. 2, March 1963, p. 34.

說話，部屬除了傾聽之外，甚少能發表意見的(鄭伯壎，1980)。中國家族組織的儒家法則很容易地延伸到企業組織的經營與管理環境來：

> 「作決策」向來都是族長式的與專制式的，控制管理方式也都是集權式的，分權的現象被減至最小。在一團體中勞力分配的法則及對長者的服從是世襲相傳的，這種獨裁制度的產生不僅不會有紛爭，且為大家所接受。」 ⑪

　　從另一方面，社會中高逃避不明確的特質，在對環境的應變上有趨向於較嚴謹、較結構化及較少可運用的反應與適應行為之傾向。從細微層面看，組織有重視規範式的規定及限制，與技術專家的聘用之傾向，為的是求能應變問題及減少不明確存在。在此類型的價值取向下，會使工人較缺少雄心大志，安定的附屬於組織，而且管理者也變得較關心工作，而不重視人們。

　　若社會的文化趨向個人主義，那個人所處的工作組織並不干涉其成員的社會生活。僱主也不會被期待要像一家族的家長般照顧其成員的幸福。僱員也不會為了保護他們自己的利益，被要求須全然地依賴他們的組織。在這樣的環境下，個體喜歡採用「區隔化（segmental）的」方式來解決他們的問題。也因此，起源於西方的現代工業主義，已如Kerr等人所預測的朝著多元化的變化發展。「在多元化工業主義下，個人在工作生活圈外，比早期其他型式社會的人有更多的自由。……在其他生活型態方面由於沿襲著經濟及政治生活的官僚化保守主義，因此將會走向一新的浪漫主義………假如多元化工業主義被認為會形成分裂式的人格，那麼在這社會的個體也會被引導至一個分裂式的生活方式；他將一

---

⑪　同上。

個擁有著多樣行為與價值觀的多元化個體 [12]。同時，一個在男性化得高
分數的社會也顯示了對攻擊動作的喜好。一般而論，男性化程度較低的
社會被認為其社會特質重視人本取向，相互依賴，整合的價值觀及對於
不幸與受剝奪者的同情態度。在日本，此向度的得分極高，年輕的男人
是生活在為取得有成就的事業生涯而努力的強大壓力下。反之，有較高
待遇及較優工作的女人， 則懷有著成功的恐懼。 比較上， 在日本社會
裏企業組織能合法的介入其成員的私生活的觀念是廣被接受的——不論
是在為組織或個體本身或兩者都有的利益前提下。對當今的日本社會形
象，視為是一個很明顯的男性主義社會，可由如下的說明生動地表示：

　　「從前，男人就是男人，回想早期的壓力是來自成為一個男人
　所應具備的特質：強壯的身體、勇敢的膽識、有規範的教養、犧牲
　奉獻的精神及其他條件等等。……而今，在日本，男人仍必須像個
　男人。……為了某些理由，他們不能跟新狀態或地位妥協，並受一
　堅認男人的行為要像個男人的傳統機制所驅使。……在1976年日本
　公立廣播公司 NHK 的調查指出有66％的受試者希望他們的兒子能
　獲取知識與技術，以便能謀取好的職業；然而只希望他們的女兒能
　成為『快樂的家庭主婦』就好。……在所有的勞動市場中，女性的
　佔有率約39％……而這些女性大多數是在辦公室處理文書工作 33.8
　％，生產工作 26.8％，服務業 13.3％，只有極少數的人是從事技術
　專業性質的職業，僅僅一百四十一萬人。在商業界居高職位的女性
　又更少了。而一項對女性參與決策過程的政府調查顯示 …… 只有
　0.3％的決策者是女性。」 [13]

[12] Clark Kerr, et al., *Industrialism and Industrial Man*, Harmondsworth:
　　Penguin, 1973 (2nd edition with a postscript), pp. 276-277.
[13] Jon Woronoff, *Japan: The Coming Social Crisis*, Tokyo: Lotus Press,
　　1982 (5th edition), pp. 74-91.

第二節　在文化與組織行為意義間的知覺差異

許多實證研究已證明不同的文化環境會造成知覺差異。Bond 曾比較香港、日本、美國及菲律賓的大學生對其同儕看法的調查，他發現在中國及美國學生除了一個重要的向度外，其餘都很相類似。它是對聰明才智能力觀念的向度。對美國學生而言，這樣的概念意含著對於理解、分析、辨識及評價的一種鑑定能力。比較下，在中國學生對照組的解釋裏，他們多了「道德正直（moral integrity）」的觀念。事實上，對所有三個非美國人的社會（香港、日本及菲律賓），「聰明才智」項目在「良心（conscientiousness）」因素的負荷量（loading）都要比單獨「文化」因素的負荷量高許多，因此，意味著在日本、香港及菲律賓的學生對於知識份子會有一些道德上的要求，而在美國的學生則不會[14]。

典型的中國（東方）文化傳統在界定「知識份子」特徵時包含有道德正直，社會義務及責任等內涵的傾向。因此我們可說在中國環境中的組織行為相對地也受到影響。在企業裏，管理者常被屬下比擬為「領導者（leaders）」或「知識份子（intellectuals）」，在這情形下，員工對上司發展出代替性的期望，希望他們具備道德正直及社會責任的美德以符合他們受人尊敬的德高望重之職位是很平常的。另外，Turner 等人在七十年代後期對於老闆態度的調查也有同樣的發現。他們報告指出：

「……在樣本中，香港的工人有63％認為公司老闆應該像一個大家族的家長般照顧員工的利益，而只有33％認為員工的利益，應由員工自己負責。同時也有63％的人認為老闆與員工間的關係應像

---

[14]　Michael H. Bond, "Dimensions used in Perceiving Peers: Cross-Cultural Comparisons of Hong Kong, Japanese, American, and Filipino university students", Occasional Paper No. 77, Social Research Centre, The Chinese University of Hong Kong, August 1978, p. 14.

一個團隊，而有36％的人認爲是相互衝突的。」❶

　且不管這些知覺傾向如何，在 Turner 的研究中，這些受試者對於他們老闆的道德表現却是相當清醒的：

　　「……對於多數公司老闆的正直性，在他們的意見裏有分歧現象，50％的人認爲大多數公司老闆對於員工的利益，只要有機會，必是得過且過；然而有46％的人認爲這些老闆是眞正關心員工幸福的人」❶。

第三節　適應策略與對組織行爲意義的泛文化比較

　　如前所提，個體會藉著一系列的「適應策略」來調適各種不同的社會文化壓力。像當個體面對與他個人幸福有極大關聯的壓力，且又絞盡他所能運用的適應資源時，他會採取行動來解決問題❶。這些應變反應，基本上雖決定於環境及人格特質，但也和文化有關。許多文化對於解決集體問題行爲上就有其特殊功效。就此而論，對某些應變活動或許是文化所認可或規定的；而一個體在與社會文化環境互動的成長經驗中，就可以獲得這些被認可的適應策略方式了。

　　實證研究曾指出在中國人對曖昧不明、衝突及其他壓力與威脅有某種特定的應變型式。根據使用改編自 Diaz-Guerrero's 及 Marsella 與 Sanborn's 問卷量表❶。對臺北市已婚的男性抽樣調查，黃光國（1977）

---

❶　Turner, 同❶。

❶　同上, p. 198.

❶　R. S. Lazarus, J. R. Averill and E. M. Opton Jr., "The Psychology of Coping: Issues of Research and Assessment", in G. V. Coelho et al. (eds.), *Coping and Adaptation*, New York: Basic Books, 1974, p. 215.

❶　R. Diaz-Guerrero, 'Interpreting Coping Styles Across Nations from Sex and Social Class Differences', *International Journal of Psychology*,

確認了受試者使用的四類適應策略。如前所提，這四大類每類包含著特定的應變反應模式，卽：（i）依賴自己，（ii）請求他人協助，（iii）訴諸於超自然的力量，（iv）參照無為而治的傳統哲理而逃避❶。

　　首先，自我依賴的適應策略，全賴個人的機智。可區分成底下幾個方法（i）面對問題情境並尋求解求（強調分析情境的認知過程，確定問題的起因，並設法解決），（ii）忍耐或不屈撓（敍述個體的自我控制能力，當遭受不幸或困難時，是情緒化的不穩定表現，還是能表現出持久的忍受力），（iii）不斷的努力並力爭上游（決心衝破難關，及自我超越），（iv）逐漸增強自我信心（帶著堅信，最後終於解決問題）。第二類適應策略是尋求社會資源協助，包括人際網（像朋友與親戚）及非人的制度化資源（像銀行、政府及醫院）。第三類適應策略是訴諸超自然力量與祈求祝福。最後一類策略是借用道家無為而治的哲理信仰，這種策略引發出「等待」及「讓上天去處理它」的溫順作風❷。

　　同樣地喬健（Chien Chiao）曾提出中國策略家在處理及調解社會——政治權宜爭論的問題時的一種典型之剖析：

　　「……我們能夠描繪出一個優秀的中國策略家的草圖：他全神警戒且有耐心的等待最好機會，對於情境不斷的觀察與研究。當開

vol. 2, no. 1, 1973, p. 191; A. J. Marsella and K. Sanborn, *Comprehensive Problem Behavior and Felling Checklist*, Honolulu: The Institute of Behaviorial Sciences, 1973. 亦見於 Kwang-kuo Hwang, "The Dynamic Processes of Coping with Interpersonal Conflicts in a Chinese Society", *Proceedings of the National Science Council Taiwan*, vols 2, no. 2, April 1978, p. 200.

❶ Kwang-kuo Hwang, "The Patterns of Coping Strategies in a Chinese Society", *Acta Psychological Taiwanica*, vol. 19, 1977, p. 64.

❷ Hwang, "The Patterns of Coping Strategies in a Chinese Society", 同❶, pp. 64-66.

始著手時，他的行動是虛假與間接的，且通常企圖藉著利用第三者來達成目標，有時他會誇張或杜撰，但大多是佯裝的。對於對手的利益他總是給予致命打擊。除非有絕對的需要，他或許會誘惑、刺激或警告他的對手，他絕不會給他的對手一個真正地直接面對面的機會。假如他必須與對手面對面接觸，他會迅速採取行動並企圖快速的控制對方。對於一步就可完成的事，他總是很容易的就放棄。」[21]

同類的文獻研究討論到歐美的應變行為類型，但並不適合拿來直接比較。然而 Hsu 對美國人與中國人在經濟態度的對比說明，恰可對有特色的美國人在解決與調解政治——經濟危機的作風上提供解釋線索。

「……自我信賴的美國人，努力地想去除在生活中需依賴他人的事實與感覺，這種無窮盡的奮鬥，必會提昇終身的社會及心理不安全感的威脅。……例如，標榜全靠自我依賴者的偶像，伴隨『神只幫助自己幫助自己的人』的格言。美國人只有尋求自助了。」[22]

「……此處我們所要研究的是美國人對其經濟活動自我依賴的態度，……他們認為所有人類關係，當為了個人的便利時，可以像物體般將它分開或重新再組合。因此要尋求個人安全必須到人羣外去找。且由於神幫助那些自己幫助自己的人，所以一個人要維護他安全的泉源，只有在其他方面，如物質的舒適與環境的克服上了。」[23]

「……然而美國人在尋求其情緒上的安全性時，採取了一種迂廻的途徑。他努力去脫離以前的種種關係，但其克服物質環境的行

[21] Chien Chiao, "Chinese Strategic Behaviours: A Preliminary List", p. 436.

[22] Francis L. K. Hsu, *Americans and Chinese*, London: The Cresset Press, 1955, pp. 279-280.

[23] 同上，pp. 295-296.

爲受著尋求與中國人相同的酬償方式，一直在推進……，爲強化自我重要的感覺與確信自己在同伴中的地位，他增強了各種可以達到目的的活動，並想出更多確保他安全的作法。」❷

探討了東西方間對適應策略的文化比較後，現有以「中國文化架構(Chinese cultural facade)」爲說明，來討論組織行爲及對組織文化的特殊性概念化的趨勢。與前面說明的各種中國人的適應策略與哲學相一致，且又在工作環境中影響人們行動與互動的概念，就是「面子」概念。它意含著中國人並不喜歡面對面爭吵的情境，就如 Turner 對中國人如何有技巧的來處理工作組織中挫折與衝突的描述：

「『面子』對老闆與員工兩者而言都是重要的，直接的質問或抗辯，對雙方而言，都可能會造成實質上的傷害。使用間接的方法來調停，或者藉『可信任的第三者的仲裁』都可非正式的化解掉爭吵的發生。對於抱怨常運用暗示或不直接相關的動作來表示。對於讓步則通常出自於志願的退讓。」❷

因此這種間接微妙的特質，對於實質關係的進展，意味著是一種個別的方式，而非集體的方式；是一種依賴老闆的家長式作風，或依賴家族或朋友的支持，而不是依賴著團體的公會❷。所以中國人傾向於有爭辯時，去交涉，相互讓步，妥協求和諧。這是一種維持他自尊，甚至當他是挫敗者的一方時的一種最受歡迎的策略❷。在勞資關係中，這類「忍讓」（concealing）的心態在香港政府對老闆態度的調查已有明確的

❷　同上，pp. 298-299.
❷　Turner et al., 同❼, pp. 13-14.
❷　同上，p. 138.
❷　Dick Wilson, *Asia Awakes*, London, 1972, pp. 202-203. 亦見於 Hsieu Chin Hu, "The Chinese Concept of Face", *American Anthropologist*, 1944, n.s. 46, pp. 45-64.

表示:

「一般而言， 大多數的香港工人都受自然所命定。 這意思是
說，甚至當他們被管理階層的代表人物約談時，他們也不願意坦白
地表達出他們的看法。」❷❽

此外，在中國的企業裏，還有其他的價值觀是老闆、管理者、幕僚
及員工所共識的。尤其重點多放於工作上。而在工作道德及倫理道德，
儒家所教化的勤勉及節儉最受人矚目。人們的幸福全賴於勤勉，只要勤
勉就不會有缺少或不足❷❾。因此 Ward 觀察到「……有些特徵，把他們
合併在一起， 則『中國式（Chinese way）』這名詞就可以有其特定的
意義而被廣泛的應用。它們包括對學歷、勤奮工作及經濟方面的自我改
善的信仰，且不僅員工們重視， 管理者也同樣的重視。這一組價值觀念
是附隨於『給面子』的根深蒂固習性，且在印象裏，它們對多種關係有
著緊密且強烈的連結，而並不只是單一種關係而已。……到目前為止，
它或許還與這個工廠內部組織的任何一層面脫節，就如一個獨自的『中
國人』一樣……。」❸⓪

暫不論從中國傳統散發出來的這些組織影響力的出現， England &
Race 提醒應謹慎任何對中國價值系統特性的誇大行為。 第一， 「強調
不屈不撓行為的道德責任， 工作本身就是個目的， 奢侈浪費的弊病， 謹
慎節儉、中庸自律及合理的利潤」❸❶是根植於中國傳統觀念中， 也存在

❷❽ Hong Kong Government Labour Department, *Joint Consultation: a guide to its introduction and operation.* Hong Kong, n.d., p.v.

❷❾ 引自 *Tso Chuan* (a renowned commentary on the Confucian classic, the *Ch'un-Ch'iu*), cited in Lien-Sheng Yang, *Studies in Chinese Institutional History,* Cambridge: Harward University Press, 1961, p. 37.

❸⓪ Ward, 同前， pp. 384-385.

❸❶ R. H. Tawney, *Religion and the Rise of Capitalism,* London, 1926, p. 248.

於西方清教徒的倫理道德觀裏。第二，在中國企業對於家庭成員及親戚安置于重要職位來補充新血，振興及控制企業的過程特性，並沒有和20世紀的英國企業情境有絕大的不同。在英國某些國際著名的大公司，主要就是控制在幾個大家族的手中❷。第三，從資本主義及管理意識形態之歷史發展的一般情況而言，東西方企業間有許多觀點與程度上是相近的。甚至在「給面子與愛面子」的行爲上，所有的國家都可發現，要評估在香港小公司的這類行爲與世界各地小公司所發現的個人及親密的管理作風的差異是很困難的❸。事實上，如 Goffman 所討論的，中國人「面子」概念非常類同於西方的「自我形象（self-image）」及「避免困窘（embarrassment-aversion）」的觀念❹。

　　儘管在中國與其他國家對工作有如此類同方向的確認。England & Race 承認「中國式」這名稱已不再是神秘的了。對中國傳統的東西加以融合，最後仍是有其獨特地方，但它不會是一些屬於個人的因素，而是集體的東西❺。最後，文化差異在社會行爲上有顯明的影響觀念應已廣泛的被確認了。

---

❷ Joe England and John Rear, *Industrial Relations and Law in Hong Kong*, Hong Kong: Oxford University Press, 1981, p. 58.

❸ 同上，p. 58.

❹ 因此，Goffman 認爲，當「個人有效地表現出與內在一致的形象，而此形象又爲他人及環境所認可」的時候，卽是個人擁有或保留了面子。這種保留面子的理性策略，在西方或東方文化中都很常見，基本上是因爲「個人不喜歡感覺困窘或表現出窘態」，因此「世故者會避免令自己處於此種情境」，見 E. Goffman, "Embarrassment and Social Organisation", *American Journal of Sociology*, 1956, 62, pp. 264-271. 亦見於 Michael H. Bond and Peter W. H. Lee, "Face Saving in Chinese Culture: A Discussion and Experimental study of Hong Kong students", in Ambrose Y. C. King and Rance P. L. Lee (eds.), *Social Life and Development in Hong Kong*, Hong Kong: The Chinese University Press, 1981, pp. 289-304.

❺ 同上。

第四章 工作動機

第一節 導論：概念

一般而言，動機意含着一促使人們去完成某些欲達成的工作或目標的歷程。在企業組織中，它扮演了一個經營上的重要功能，使得部屬或員工們能被誘導去完成他們工作上所期望的結果。對個體來說，動機也配合了那些驅使個體依着完成目標方向前進的內在壓力❶。換言之，動機是一種可視爲「當一個人花費努力或精力去滿足某一需求或獲得某一目的」的行爲歷程❷。而它可被驅使的強弱，決定於兩種知覺期望：⑴花費代價是否能達成目標。⑵這目標個人想欲的程度如何。(價數value) ❸

第二節 現有文獻：西方的觀點

理論研究擴大了人們往各種不同行爲活動的歷程及機制，且不管這

---

❶ William G. Scott and Terence R. Mitchell, *Organization Theory: A Structural and Behavioral Analysis*, New York: Irwin, 1976, pp. 105-106.

❷ Theodore T. Herbert, *Dimensions of Organizational Behavior*, New York: Collier Macmillan, 1976, p. 239.

❸ 同前，亦見於 Victor H. Vroom, *Work and Motivation*, New York: Wiley, 1964, p. 18.

些活動是在企業組織內或組織外部。特別是一些分析動機的理論，被確認為能使學生及企業家更清楚的瞭解組織中人們的行為。如前面所定義的動機概念，在涵義上明顯的瞭解到其能洞察人類的需求、驅力、期望、努力、知覺、表現及其他心理歷程的問題。不相同的工作動機理論所重視的焦點並不相同，使用的處理方式與觀點也不盡一樣。大略而言，在這主題上，可區分有六種主要理論：需求理論 (need theory)，人際關係理論 (human relations theory)，兩因素理論 (two-factor theory)，期望理論 (expectancy theory)，成就理論 (achievement theory) 及不公平理論 (inequity theory)。在此章，我們將對每個理論內容作簡略的介紹。

　　㈠　**需求理論：**

　　需求理論大部份可歸功於 Maslow 的建構，對於「人本心理學 (humanistic psychology) 的發展及企業組織的工作運作有很大的促進。基本上，這理論假定了一個人類需求的階層，依下往上的次序，分別是生理需求(physiological needs)、安全需求(safety or security needs)、愛或隸屬需求 (love or belongingness needs)、自尊需求 (esteem、status and self-respect need) 及追求自我實現 (need for self-actualization)。其基本法則，認為低層次需求的滿足必須先於社會與心理方面等較高層次需求的滿足❹。實際上，生理的需求很容易就會滿足，而像自我實現等內在需求，則需要長時間的努力仍不太容易完全的滿足。在 Maslow 的理論分析下，剝奪 (deprivation) 及滿足 (gratification) 這兩個概念的涵義佔據了重要地位。一個高優勢或低階層需求的不滿足或剝奪，會導致這需求的優勢性超越了有機體的人格。當這階層的需求

❹　A. Maslow, "A Dynamic Theory of Human Motivation", *Psychological Review*, vol. 50, 1943, pp. 370-373.

滿足時，會活化下一較高階層需求的滿足。然後這被活化了的需求主宰並組織個體的人格及能力，以致代替了個體專注於饑餓的滿足，此時，他專注於安全性的滿足了❺。換句話說，剝奪是一種個體無法滿足某一需求的狀態，而被認為迫使他去努力的主要動力來源。於是這些努力會尋求補償需求與滿足之間的差距，以降低剝奪的程度（或增加滿足的程度）。然而任何人類的需求是不可能完全被滿足的。因此，Maslow 承認任何較高階層需求的活化主要是決定於底下階層需求相對的，而非絕對的滿足。

　　且稍後 Maslow 又承認在「長期剝奪」下，較高階層需求也可以越級發生，而放棄或壓抑低階層需求的滿足。但如他所觀察到的，在他的模式裏也面臨了其他的限定，例如，一個已成熟的自我實現個體，其自我實現需求的滿足會更增加這需求的重要，但反之却不亦然。

　　㈡　**人際關係理論：**

　　「社會人 (social man)」的觀念是「人際關係學派 (human relation school)」為反駁科學管理理論所提出的。這種管理觀念的要義，一般歸功於1920年代後期在 Mayo 領導下的 Hawthorne 系列的實驗。它強調社會因素及社會關係在影響組織中個體行為的重要性。於是注意力轉移到超越個體基本生理層次之上的需求，如接納、地位及情感的需求。且在組織裏工作團體的發展及其他社會關係的滿足，就變成了此動機研究探討的重心。「人際關係」理論由於反對強調金錢酬償的重要性，認為它只是滿足低層次需求的工具，因此不同於「古典」觀點的科學管理理論。在工作動機上，由於它能滿足 Maslow 需求階層的較高層次需

❺　M. Wahba and L. Bridwell, "Maslow Reconsidered: A Review of Research on the Need Hierarchy Theory", *Proceedings of the Academy of Management*, 1973, pp. 514-520.

求，所以很受歡迎與重視。

雖然如此，人際關係學派與科學管理學派在基本假設上仍有着共識的地方，那就是個體的目標與組織的目標要相配合，甚至一致，如此才能使個人對於工作滿足，同時也增加組織的效率。在理論及運用上，人際關係理論可認為對企業組織的各個工作層面，在有關於其他同事、督導、管理甚至整個組織上，取得一個較有利於成員的態度。它不僅被動的接納，並積極地在情感上認同組織，及對組織目標的強烈投入。因此從這理論的基本精神上可導出如下的法則：管理者應盡力去運用各種可能造成良好及合作的態度的因素，在這樣方式下，動機的驅力可彼此相互的強化。這些驅力包括經濟的、安全性的及自我動機，還有好奇心及創造的欲望❻。在這管理模式下，對於競爭的處理態度是民主的；它容忍、鼓勵，並保護其員工對於組織各層面的參與及投入。

㈡ **兩因素理論：**

Maslow 模型其人類需求階層的次序，大部份是根據臨床上執業及研究的經驗與觀察。它鼓舞了其他作者在組織領域裏對工作動機研究的興趣。例如，Alderfer 提出了另一個分類架構，尤其如所週知的 "ERG" 理論，它濃縮了 Maslow 的五個連續階層的需求，而把它簡化成三種不同的需求：存在需求（existence needs）；關係需求（relatedness needs）及成長需求（growth needs）❼。雖然「需求」的分類可以兩種

❻ Alan C. Filey, Robert J. House and Steven Kerr, *Managerial Process and Organizational Behavior*, Glenview, Illinois: Scott, Foresman and Company, 2nd edition, 1976, p. 185. 亦見於 R. Likert, *New Patterns of Management*, New York: McGraw-Hill, 1961.

❼ 簡言之，生存需求主要指個體的物理生存（如食物、衣著、住所、以及工作組織提供獲得這些因素的方法，亦卽薪資、福利、安全的工作環境，以及職業保險等）；關係需求是指人際需求，經由包括上下班時間的人際互動而得到滿足；成長需求則是指個人發展與求進步的需求。見 C. P. Alderfer, *Existence, Relatedness, and Growth: Human Needs in Organizational Settings*, New York: Free Press, 1972.

架構作概括性的比較（見圖4—1），但每個作者在他們前提與結論上却有分歧現象。如 Alderfer，就沒有所謂先後次序的概念；對心理歷程的假設如剝奪／就佔優先，或不足／就活化起來亦付闕如，所以同時可有許多需求在運作。某一需求的滿足可能或可能不引導下一較高需求的活化。擴開出來，較高層次需求的挫折可能會造成回歸到增加對低層次需求的重視，而不繼續專注於挫折需求的滿足❽。某些需求（像關係需求及成長需求），當個體置身於配合着這需求的相對高層次條件下時，會提升對這需求的強度❾。

　　另一個有助於工作動機研究，且很受歡迎的理論是 Herzberg 提出的「兩因素」理論模式。它區分了滿足與不滿足的兩種驅力向度，而相對應於組織中的內容（content）（內在的）及維生（hygiene）（外在的）兩個因素。對於外在的因素（如公司政策、行政措施、督導方式、薪資、工作環境及人際關係等等）無法提供適當的處理，會造成對工作的不滿足，且對工作了無興趣。然而在單極化本質的觀點下，對這些因素處理的改善，並不能正面的增加工作的滿足感，即缺乏顯著的動機效果。動機的來源是決定於對內在因素的強化，是那些關於成就的機會、

---

❽　因此，如果個人因為在工作組織中無法發展足够的人際關係，而致使關係需求遭到挫折，那麼他就會轉而更關注其生存需求。這對於組織中的雇員行為有重大的影響，因為社會需求受挫的結果，導致薪資，工作環境，假期，及其他福利的要求提高。見 Ernest J. McCormick and Daniel R. Ilgen, *Industrial Psychology*, London: George Allen & Unwin, seventh edition, 1981, pp. 266-267. 亦見於 Scott and Mitchell, p. 118.

❾　例如，和 Maslow 論點相反地，當一位工作者的工作是具有挑戰性且重要時，可能會增加而非減少其成長需求，見 McCormick and Ilgen, 同❽, p. 267; 亦見於 D.T. Hall and K.E. Nougaim, "An Examination of Maslow's Need Hierarchy in an Organizational Setting", *Organizational Behaviour and Human Performance*, vol. 3, 1968, pp. 12-35.

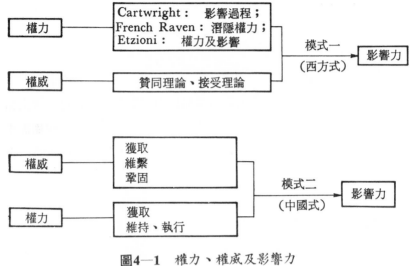

圖4—1　權力、權威及影響力

責任、成長、對工作本身的認知與興趣——也就是屬於 Maslow 較高
層次的需求——的內容。 同樣地， 這些內容與工作的不滿意並沒有關
聯， 因爲它們也是單極的， 因此它們的欠缺並不造成減低動機的結果。

　　高滿足感主要上並不是來自那些造成不滿足感因素的欠缺，而是來
自那些被歸類爲「滿足物（子）（satisfiers）」的存在❿。 Herzberg 整
合了人際關係理論與科學管理理論的法則，對企業組織推薦介紹在使用
「激勵因子（motivator）」 到工作情境時， 還要合併使用好的 「維生
因子（hygience）」。 所以兩因素理論提出了「工作豐富化」的重要，
把它當作對組織結構改變的一種漸進且有系統的方式。且它能把分歧的
工作科層制度， 轉向到一個包含着有意義工作設計的聯合系統上。

　　在方法上，Herzberg 的兩因素動機架構，其主要的發展是從對企業
組織及其成員在他們工作環境中的實證調查結果，是從 200 個工程師及

❿　Filley et al., 同❻, p. 185.

會計師的需求滿足及這些滿足的激勵效果的報告中研究得出的。它的進行首先是要求受試者回想「他們對工作感覺到非常地好」的經驗，並進行一系列的面談，談論關於「對他們工作感到非常好」的話題；及另一系列的面談， 談論關於「對他們工作感到非常不好的負面感受」的話題。在每一個階段中，調查者是想確定那些因素可用來說明受試者的滿意（或不滿意），與對工作表現、工作本質、工作環境及其他人事與組織特質等的關係 ⓫。 這些實地調查的發現， 與 Maslow 的臨床資料相對照下，使得作者對企業組織應用領域內管理策略的發展能作明確的說明。

㈣ **期望理論：**

原始模式（The initial model）

把焦點放在人類需求的描述， 如 Maslow，Alderfer 及 Herzberg 等人的論點，是想經由從工作動機的研究，而對「滿足子」（satisfiers）的確認及強化效果的瞭解與對「不滿足子（dis-satisfiers）」的去除。簡言之，主要是期望對能激發人們努力工作的內容加以描述與操弄。這訴求方式下，隱含着一普遍性的假設，認爲適當給予這些激勵的內容或需求，會使人們往正面的方向反應；並認爲滿足他們的需求，應是最優先考慮的了。因而忽視了決定動機的其他相關因素。

所以，工作動機的「歷程（process）」觀點， 修正了這道鴻溝。它放棄了人必受其內在需求的驅使及這些驅使足以說明人類行爲的教條。在其觀點強調的是人們經由如何的思考歷程，而表現出滿足他自己的行爲出來⓬。

⓫ F. Herzberg, B. Mausner and B. Snyderman, *The Motivation To work*, New York: Wiley, 1959, 2nd edition.

⓬ George Thomason, *A Textbook of Personnel Management*, London: Institute of Personnel Management, 1978, 3rd edition, p. 206.

從發展史的觀點言之，「歷程」觀念可說是起始自 Lewin，他視個體為決定的選用者，當一個人被選擇決定所困時，他會借助他人的意見。在發展個體的偏好上，這些「他人」扮演着特別的角色，他們藉着不斷重覆地呈現個體某刺激，而逐漸地塑造個體的期望及他未來的行為❸。

後來 Vroom 將 Lewin 的這些想法有系統的加以發揚，發展出「期望理論 (expectancy theory)。 它探究了人們如何在多種選擇下決定那一種是最吸引他的行動——卽在他認知期望上是最合理及期待的結果。一般認為吸引力的來源決定於結合了意識某一特定目標的吸引力及不意識到其他結果的吸引力，因為一行為要被採用，必須排除其他行為❹。

基本上，Vroom 的主張是從兩個前提導衍出來的：

（ⅰ）　人們會主觀的對各種不同行為的期望結果給予評價，因此在這些期望的結果中會有較喜好的。

（ⅱ）　動機行為取決於個體認為他的行為會達到所喜好結果的強度——而不談對目標熱切的情形。

在這種情況下，個體的表現動機被視為大部份決定於所有可意識到的有效表現的平均值。因此表現動機決定於對第一層面結果（能否成功的完成工作）及第二層面的結果（這種表現是否導致想欲求的結果）的期望。動機「歷程」的機制，Vroom 歸納如下：「一個人表現某行為的強度是決定於這行為可能結果價數（實用性），乘上這行為達成這些結果的可能性，$F = \Sigma(V \times E)$，F 為行為強度，V 為結果價數（實用性或吸引力），E 為對行為達成結果的預期。因此，不論個體作何種選擇，似乎明顯地，他的行為不僅受到他對這些結果喜好的影響，同時也受到

❸　K. Lewin, "Studies in Group Decision", in D. Cartwright and A. Zander, *Group Dynamics*, Row Peterson, 1953.

❹　Thomason, 同❷, p. 206.

他相信這些結果是可能達成的程度影響」 **⑮**。

　　且不論在 Vroom 的模式中說明個體對動機刺激反應的理論基礎訴求如何，在組織環境的實際應用上，他的分析技術有其限制。這是因為企業組織在確認個體主觀經驗期望及對努力→表現→結果的決定鏈上有技術上的困難。更尤進者，個體間差異是如此鉅大，它實質上排除了任何有條理的動機策略之使用能在工作環境中對每個人的特異行爲達成一致法則情況的考慮。

　　㈤　**成就理論：**

　　成就理論（Achievement　Theory）可歸類爲介於需求理論與期望理論之間的理論。它企圖說明「成就取向的行爲」(achievement-oriented behavior) —— 卽欲達成卓越標準方向的行爲。特別是强調不論在工作表現與人際交往上可誘發成就取向的環境。

　　許多高成就取向的人都重視於內在並具挑戰性目標的完成與特別應對策略的發展。他們易於對個人成就擔負起責任、喜愛具挑戰性的工作、時時考驗自己的進步、堅守成就目標的工作或研究、專注於達成目標的計畫，並從目標的達成或失敗獲得比非成就取向者更多的滿足與挫折。

　　從這樣的心理傾向所建構的成就動機理論，認爲一工作是否能有效的執行，是由三個變項的乘方函數所決定。

　　（ i ）　在有成就需求下，成功的動機强度（Ms）。

　　（ii ）　執行某一工作成功的期望强度（Ps）。

　　（iii）　成功的誘因價值（Is）（卽這成功結果吸引人的强度） **⑯**。

---

⑮　V. H. Vroom, *Work and Motivation*, New York: Wiley, 1964, p. 18.

⑯　當工作的困難度愈高時，成功的激勵價值也愈大，見 J. W. Atkinson and J. O. Raynor, *Motivation and Achievement* V. H. Winston and Sons, 1974, p. 14. 亦見於 Atkinson, "Towards Experimented Analysis of Human Motivation in terms of Motives, Expectancies, and Incentives", in J. W. Atkinson (ed.), *Motives in Fantasy, Action and Society*, Van Nostrand, 1958, D.C. McClelland, *The Achieving Society*, Van Nostrand, 1961.

最近，成就理論已被擴展用來分析除了內在的滿足感外，還包括外在的酬償。如 Raynor 所述:

「在一途徑上，一特定行動必會考慮到緊接着的下一步驟。一途徑包括一系列步驟，每一步驟表示了一行動及其期望結果。假如一步驟需要技術條件來決定成敗，則它是屬於成就的步驟。每一成就步驟都可伴隨着一個或多個外在的期望酬償（正向誘因）或威脅（負向誘因）。當一結果具有正向誘因價值時，被稱為「目標」。途徑中的步驟是藉着預測事件發生的因果來確定。」**⓱**

簡單的說，這擴展理論認為有成就動機的個體傾向於沿着某一預先計畫好的途徑來促進工作完成，並把這過程當作他們的目標。而連結步驟（linking steps）中，被標示成中介行動的，是被視為權宜措施。一般而言，它們的介入都是為了達成目標的。在步驟上，立即的成功通常被認為是有助於未來成功的機會。若個體在執行途徑上的依序行動時，沒有發現任何立即成功或失敗的機會，則這途徑是「無權宜措施」的途徑，因此途徑上任何步驟的達成，都對未來機會無任何影響。

㈥ **公平理論:**

另一個認識到內在的認知並重視其平衡的動機理論是「公平理論」，由 Adams 於1950年代提出。他結合了「認知失調」（cognitive dissonance）及「社會交換」（social exchange）的觀念來分析人類在工作情境裏對酬償分配的反應及這些反應行為背後的原理原則。它主張人們有某種信念傾向，即在他們對組織的投資與從工作所得到的酬償間要達成平衡（balance）。因此，對組織中「不公平」行為的消除上（inequity reduction）他提出了下面的主張:

⓱ Atkinson and Raynor, 同**⓰**, pp. 127-129.

（i）　人們會去增加對他具有價值的結果。

（ii）　人們會去減少投資以求取努力與代價的改變。

（iii）　對於涉及自我概念及自我尊嚴的酬賞及貢獻，人們會抗拒作
　　　　認知上的改變。

（iv）　人們若要作認知上的改變，較傾向於對「參考個體」(referent
　　　　person) 的酬賞及貢獻作認知改變，而較不易對自己做認知
　　　　改變。

（v）　辭職是最下及最後之策，只有在不公平的感受程度很高，而
　　　　且無其他可行之策時才爲之。另一方面，「暫時的逃避」如
　　　　請假、怠工等，是最普遍的反應方式。❸

　　根據公平理論，人們傾向於計算其所有各種投資與酬賞，形成一個
「總酬賞／總投資」的比值，當然這種計算可能是在意識或潛意識中。
接着他會將這個比值與他的參考團體或工作伙伴的比值作比較，只有在
這兩個比值相等的情況下，個體才會認爲公平。相反地，當這兩個比值
不相等時，他會有不公平的感受。公平的比較下，不會產生認知失調的
狀態，所以個體對「酬賞／投資」的比值感到滿意，並不想去改變它。
在另一方面，不公平的狀態所產生的緊張，會促使個體想改變比值中的
元素，以減低這種緊張，並使相互的比較回復到公平狀態。

　　由於這些公平比較的運作內涵，使得企業組織中的薪資或其他酬賞
政策變得相當明確。對於企業組織而言，提供員工們一種符合其所知覺

❸　一個職業環境的「結果」(outcomes) 包括實際薪資、福利、地位、內在職業
　　興趣，或其他任何可帶來任何正向利益與價值者。 反之，「投入」(inputs)
　　亦有一個一般性定義， 包括個體所知覺到的付出或投資在工作上的任何有價值
　　因素，例如，個人的努力，其技能，教育程度，或其他任何完成工作所必須有
　　的條件。見 J. S. Adams, "Inequality in Social Exchange", in L. Berk-
　　owitz (ed.), *Advances in Experimental Social Psychology* (Vol. 2),
　　New York: Academic Press, 1965.

到的對工作質量方面之要求所做的努力的薪資水準，是無可避免的。當
知覺到薪資過低時，除非能回復到與同伴相等的認知平衡狀態，否則員
工極可能會降低對工作的努力；而當薪資過高時，會促使個體加倍努力
以使所得酬賞能合乎公平原則。然而此種歷程並非絕對對稱，因為個體
對過高酬賞的忍受力通常是高於對過低酬賞的忍受力，因此，也許對過
高酬賞的認知失調現象，很快就被事後合理化的防衛機制加以中和了。

第三節　動機的運作：西方理論的應用

　　以上所介紹各種理論的概述，其中三種在西方（尤指美國）的文獻
上，對管理及組織哲學的運作具有極大的影響。它們是「需求理論」、
「兩因素理論」、及「人際關係理論」。這些理論似乎受文化偏差的影
響，亦即美國價值的衝擊。因此，這三理論對於人類需求看法的共同着
重點，尤其是那些關於「自我」較高內在層次的部分，反應了美國文化
中對個人主義，自我超越，與成就的傳統觀點。譬如，對個人需求的重
視，及必須滿足個人需求等這些特質，即組成了這三種理論模型主要的
存在理由。對於這些觀點的證據，可以從下列各理論重要主張之摘要看
出：

（ⅰ）　需求（馬斯洛 Maslow）理論

　　　（a）某一需求被剝奪或不足的程度愈大，其重要性、強度及欲
　　　　　求性就愈高。

　　　（b）在需求階層上某一層次需求的滿足，將會促使下一較高需
　　　　　求層次的活化。

（ⅱ）　人際關係（梅耶、李克特及其他人 Mayo, Likert et. al.）理論

　　缺乏某一需求的滿足，會產生漸增的動機去滿足這一需求；假如個
體有機會滿足這需求，則需求、動機將會彼此強化；假如不能滿足這需

求，則產生挫折、不滿❶。

(iii)　兩因素 (Herzberg) 理論:

(a) 會盡力工作是來自工作滿足因子 (satisfiers) 的存在，包括: 為人賞識、工作本身、責任感、及昇遷機會。相反地，潛在的不滿足因子 (potential dis-satisfacters)，包括: 公司政策、督導、人際關係、工作環境、及薪資等，對工作滿足的貢獻却不大。

(b) 強化滿足因子增加工作動機，但削弱不滿足因子却不會增加工作動機。相反地，加劇了不滿足因子，會造成工作動機的減弱，但減少了滿足因子却不會❷。

且不論這些主張的全面應用性，這些理論明顯地在處理人們的目標與需求上幾乎只侷限在個人的層次上。因此，從他們的探討中，所缺乏的是對於利他 (Altruistic) 或羣體目標 (collectivistic goals) 等動機效能的詳細分析，當然，這些目標對組織中的成員而言是內在的及主要的。(它們不同於對個人而言，只是為了達成工具性目的而接受的那些組織目標。)甚且，有意地將注意力集中於個人需求的特性，似是而非地顯化了這些需求取向 (need-oriented) 理論上的基本缺陷。這是因為它們無法調和員工們對於激勵刺激與誘因的個別差異現象，而使得它們的概化 (generalization) 效果大打折扣。針對這理由，歷程理論及公平／交換理論因應發展，藉着將個別差異歸諸理性選擇及決策下認知機制的不同，來論述概念上的差距。

在另一方面，也沒有任何認知理論像期望理論，成就理論，及公平理論般那麼易於在組織環境中實際運用。例如，Vroom 的主張是奠基

---

❶　見 McCormick and Ilgen, 同❽, p. 271.

❷　總結三種動機理論乃是摘自 Filey et al., 同❻, p. 193.

於個人化的考慮；（ⅰ）人們主觀地對於各種不同行為的預期結果給予評價，因而他們發展出對某一預期結果的偏好；（ⅱ）被激勵的行為依循的不僅是受個體想達成某結果的誘發，而且也受他相信其行為能有效達成他所喜好的結果的程度所影響。因此，這些個人化的動機及心中內部的計算，從企業管理的觀點言是很難加以確定的。同樣地，成就理論也是界定在個人化的認知，抱負及完成目標行為的歷程上❷。還有，它意識到人們對激勵刺激反應上存在著個體與個體間的差異現象，因而，任何激勵或誘因策略都不可能在集體或企業整體的層次上達到齊一的效果。甚至公平理論，雖說它訴諸一致，可比較性及公平的觀念，但它以「個人化」的公平（或不公平）的知覺及認知的絕對主觀歷程為前提的分析，是可以想像得到的。因而，在這樣的處理方式下的人們內在的動機機制，對於人事及報酬政策的規定是不太容易概化到每個人身上。但可公認的是，在社會交換中，「分配的公平性」的規範對於理性的管理決策是極其重要的，且也是為所有屬下員工所接受的。它摘取了西方平等主義意識型態的基本哲學觀，認為自然法則或和諧是建立在每個個體生而平等的基礎上。因此，只有因不平等狀態而引起的不和諧條件下的報復行為才被視為是正當的。這觀點與東方社會視不平等是依據名份（如年齡大小及年資多寡）的分化而造成的觀點大不相同。內涵上，在亞洲文化

---

❷ 總言之，「成就理論」主張如下：

i 當成就動機大於害怕失敗動機時，個人會被激勵去獲致成功，故關聯徑長度（length of contingent path）會增加。當主要激勵個人的不是立即行動時，就會抑制關聯徑長度的增加。

ii 比較成就動機者和害怕失敗動機者在工作上的優異表現，發現前者的關聯徑長度大於非關聯徑長度，而二者的關聯徑皆持續較久。

iii 成就動機大於害怕失敗動機者，他們確保立即成功的做法，就是在聯關性中展現其技能活動，見 Filey et al., 同❻， p. 194.

中，組織成員對於內部薪資相對性明顯不一致情形有較大忍受力是合理的。至目前為止，相對於他人的「過高酬賞」或「過低酬賞」的觀念，並沒有很清楚的界定。對於藍領工人而言，就他們所知的用來組成他們自己與他人的酬賞／投資矩陣的各種因素是相當貧乏及受限制的。實際上，在西方社會實徵研究的結果，至目前為止已有了很好的證據來支持下面四個組成公平理論的最主要內涵主張㉒：

（ⅰ）　按時或按月計酬，過高酬賞者會以加强他們的努力生產更多的方法來減低不公平情況。

（ⅱ）　按件計酬、過高酬賞者會比公平酬賞者生產較高品質，同時降低其產量，以處理不公平情況。

（ⅲ）　按時或按月計酬，過低酬賞者會以減少生產的方式來達到投資與酬賞的平衡。

（ⅳ）　按件計酬，過低酬賞者會以大量生產低品質的輸出方式來處理不公平情況，因為生產大量低品質的輸出，會增加個人的酬賞，但並不需要在實質上增加投資㉓。

事實上，不僅是公平理論，還有其他從西方思想體系衍生出來的動機理論模式，都欠缺明確的科學證據支持以它們的一致性效度。此外，從他們提出的主要主張所涉及的前提本質研究的微弱或甚至矛盾的實徵證據結果，反映出未經驗證的文化假設效果或存有偏差。譬如，馬斯洛需求理論中最受注目的主張，在美國的管理與組織文獻中，總是被發現缺乏穩固的基礎及實徵的分析。Wabba Bridwell 最近在他們對該理論

㉒　總結這些實證性考驗，可見，P. S. Goodman and A. Friedman, "An Examination of Adams' Theory of Inequity", *Administrative Science Quarterly*, vol. 16, pp. 271-288; also Filey et al., 同❻, pp. 205-6.

㉓　同上, p. 205.

實徵證據的回顧裏，認爲需求階層 (need hierarchy) 是一無法驗證的理論❷。在22個研究的檢驗中，他們發現理論本身與那麼聲稱精確驗證其效度的證據中，存在明顯的不一致。一些研究所發現的需求型態，只是簡單的二元化而已，卽是區分出低階（如生理與安全）及高階（如自尊及自我實現）❷需求差異。儘管存有這樣的差距，但在馬斯洛理論及人際關係理論的實用意義，仍發現彼此相互矛盾。對於前者而言，一個雇員對動機刺激的反應是被視爲在目前對於有關需求的不滿足所引起的；但對於人際關係理論學家而言，只有已滿足的雇員才是眞正的高生產力者，因此，若這個雇員是處在不滿足的狀態，他會是一個低效率者。爲了說服自己能接受人際關係學派的實徵研究，Brayfield & Crockett 曾質疑了有關雇主態度與雇員表現之間關係的看法，到目前爲止這些研究結果顯示：

　　「首先是當個體在某一職位上得到滿足，並不一定意味他強烈地有動機在該職位上表現傑出。其次，生產力對於企業員工追求的目標來說，只是衆多目標中，屬於較周邊的一個目標而已」❷。

---

❷ Wahba and Bridwell, 同❺, p. 17.

❷ 而且，四個研究考驗顯示並不支持 Maslow 理論的第二個假設「需要的滿足是具有層次性的，只有當一個需求被滿足時，才會被刺激去滿足下一個更高的需求」同上，亦見於 Filey, et al., 同❻, pp. 194-195.

❷ A.H. Brayfield and W.H. Crockett, "employee Attitudes and Employee Performance", *Psychological Bulletin*, Vol. 52, 1955, pp. 396-687. 此外，Herzberg et al., Likert & Vroom 皆無法在工作態度，工作滿足，表現，與產量之間的關係中，作一個結論性的決定。其個別的觀點，見 F. Herzberg, B. Mausher, R.O. Peterson, and O.F. Capwell, *Job Attitudes: Reviews of Research and Opinion*", Pittsburgh: Psychological Services of Pittsburgh; R. Likert, *New Patterns of Management*, N. Y.: McGraw-Hill, 1961; V. H. Vroom, *Work and Motivation*, 同前.

　　同樣地，在兩因子及成就理論的工作動機模型裏，這樣的現象也存在。譬如 Dunnette、Campbell and Hakel，他們就曾證實 Herzberg 理論命題的滿足子與不滿足子的兩分法並不成立。甚至，他們的研究顯示，滿足子的效果絕非一成不變的，而是因特定的個體而有不同的變化。「這些證據，似乎有充份的理由使我們放棄兩因子理論……重要的是……研究者將會勸服自己去研究更複雜的動機模式，而不是允許繼續以兩因子理論簡單的，但具魅力的觀點，來從事動機研究，或作爲行政決策的指導原則❷ 。

　　在另一方面，以實驗驗證成就理論由於研究方法複雜，因此一直是問題不斷的。Raynor 本身並未曾從他有關權變與非權變途徑（contingent and non-contingent paths）的實驗研究中得到令人信服的證據。這是因爲發現個體在權變途徑中對確保立卽成功的一致性行爲，是爲了確保未來成功的機會，而完全不在乎成就需求的層次或害怕失敗所衍生的焦慮❷ 。

　　總之，西方文獻主流所顯示的對工作動機的論點，認爲工作動機乃是一種「交易」情境的控制或操弄所造成的結果，當「誘餌」（卽激勵因子）呈現時，個人就會努力去工作；否則就遊手好閒以及無所事事。

---

❷　M.D. Dunnette, J.P. Campbell and M. D. Hakel, "Factors Contributing to Job satisfaction and Job Dissatisfaction in Six Occupational Groups", *Organizational Behavior and Human Performance*, Vol. 2, 1967, pp. 143-174. 亦見於 H. M. Soliman, "Motivator-hygiene Theory of Job Attitudes", *Journal of Applie Psychology*, Vol. 54, 1970, pp. 452-461.

❷　J. O. Raynor, "Contingent Future Orientation as a Determinant of Immediate Risk Taking", unpublished paper, State University of New York at Buffalo, 1972. 亦見於 Filey et al., 同❻, p. 204.

因此，美國文化中就興起了某些「神話」，雖然是隱含而模糊的。第一個是關於控制的問題，控制可以是直接高壓的，例如自泰勒（Taylor）以降一度獨自盛行的古典X理論所主張的；控制也可以以較為「民主」而「人文」的方式行之，例如在「人際關係」趨向中所主張的。第二個是有關知覺到的酬賞在激勵效能上的假定——認為努力完全是酬賞所引發的，而與責任無關。因此，西方「契約交換」思潮中幾乎一致認為個體是為了所得的報酬而工作；而東方概念中却認為個體會感受到自己有義務（亦即道德上的責任）去努力工作。第三，需求與平等理論事實上是先假設內在的一種不協調或緊張的狀態（特別是在欲望、期待、需求等之一端，與達成資源、獲取、與滿足之另一端中間的不平衡），因此動機可視為類似某種矯正機制，可以用來消弭這種心理上的不平衡或「認知失調」。換言之，動機的邏輯伴隨著一種不均衡或不規則的概念，在西方哲學中，不均衡或不規則是有助於引發正向的行動或改變的（亦即支持衝突有其社會功能）。

雖然此種美國理論的論述脈絡中隱含著其文化上的特質，然而須知這種激勵行為的理論，不僅可見於在西方傳統中，接受心理與組織專業訓練的學生，所表現出來的一種「學院派」觀點；反之，它也可見於美國組織中，實際地成為管理政策的基礎。而在近來，又有兩個值得特別注意的變動潮流：「零缺點」計畫（Zero-defect programme），以及史金納（Skinner）的增強模式（reinforcement Scheme）（見圖4—1模式A右邊方格Ⅱ）。

大約十五年前，在六十年代的時候，「零缺點」就已經在美國普遍地風行——特別是在政府及公共服務機構中。它強調控制的邏輯性及卓越性，重視先擬定程序、方法、法令及規條的細節。它假定透過檢核、控制與努力，將使得產品及其生產歷程完全地無缺點。它也兼有「人

際關係」的技術，特別是在爲了增進督導控制力及領導能力的督導訓練中。瑟雷（Thurley）將此種强調共同控制與動機設計的美國式管理實務歸類爲「工業關係共同主義模式」（model of industrial relations corporatism）：

> 「……典型的美式公司管理，認爲對企業的控制要關注到最末的細節，以求確保效率。美式理念卽是科學管理及追求效率。因此表示技術上的程序、設計控制機制，以及提供有效督導，在管理上都佔有高優先順序。……他們也强調工作動機。由於特殊分工及生產系統的『去人文化』（dehumanization），造成『如何激勵員工』成爲一個重要課題，而人事經理也就益顯其重要性。在這些公司中，龐大的資源用於領導訓練，組織發展，等等。」㉙

然而，這個潮流並未維繫很久，很快就平息下來了。現今它事實已經消失，原因在於它對於人類認知及行爲的假定，過度簡化及機械化，而它對增强動機、領導、與控制的效能，太過篤信不移。

與「零缺點」潮流很接近的是增强的概念，史金納認爲可將此種概念應用於工作動機的管理。然而，「操作制約」模式所描述的史金納式行爲修整法，很少論及行爲的反應，增强與接近。它認爲行爲是受行爲的後果所控制的㉚。酬賞是一種好的行爲後果，若特定行爲的後果是酬

㉙ Keith Thurley, "The Role of Labour Administration in Industrial Society", in Ng Sek Hong and David A. Levin (eds.), *Contemporary Issues in Hong Kong Labour Relations*, Hong Kong: Centre of Asian Studies, University of Hong Kong, 1983, pp. 115-16.

㉚ 在古典制約中，事件的結果與個體的行爲是獨立的，因此反應只是一個反射的動作。而「操作制約」則相反，「後果」（亦卽酬賞或處罰等增强物）是個體做或不做某種反應的結果。因此，後果端視個體的行爲——環境的「操作」則決定後果的性質。例如，可見於 Clay Hamner, *"Refinforcement Theory*

賞的話，那麼會影響使得該行為重覆出現的可能性提高。增强可以是正的（例如誇讚）或負的（例如懲戒）。因此，在應用時，必須設計好適宜的程序，使得正增强，也就是酬賞，可以引導人的行為朝向所預期的方向❸。當考慮「適宜的程序」時，就引發了第二個主要的變素，也就是「在反應與接受酬賞之間聯結或接近的程度。反應與接受酬賞間的關係，在兩個向度上有所差異。」❸一個向度是時間：在反應與接受酬賞之間時間間隔的長度可以有所不同，間距愈短也許增强對行為的影響就愈大。第二個向度是造成一個可欲行為所需酬賞的速率或頻次。理論上而言，它的範圍幾乎是無法界定的，可以每個操作反應都有增强（卽連續增强），也可以只增强每一萬個反應中的一個❸。

and Contingency Management in Organizational Settings", in Henry Tosi and W. Clay Hammer, *Organizational Behavior and Management: A Contingency Approach*, Chicago: St. Clair, 1974, pp. 86-112. 亦見於 Theodore Herbert, 同❷， pp. 438-441; Gary Dessler, *Organization Theory: Integrating Structure and Behavior*, Englewood Cliffs: Prentice-Hall, 1980, pp. 173-74.

❸ 見 B.F. Skinner, *Beyond Freedman and Dignity*, New York: Alfred A. Knopf, Inc., 1971; 亦見於 Skinner, *The Behavior of Organism*, New York: Appleton-Century Crofts, 1938 for a classic reference on this 'Law of Effects'.

❸ McCormick and Ilgen, 同❽, p. 278.

❸ 固定的增强程序可以有效地引起並提高可欲行為的速率 （例如按件計酬激勵系統），而變化的增强程序對於操作反應的酬賞是隨機的， 因此個體不確定其可欲行為是否會帶來酬賞。實證顯示， 變化的增强程序比固定的增强程序更能有效地提高工作產量，見 Gary Yukl, Kenneth N. Wexley, and James D. Seymore, "Effectiveness of Pay Incentives under variable Ratio and Continuous Reinforcement Schedules", *Journal of Applied Psychology*, Vol. 55, 1972, pp. 19-23. 同樣地，這種區別亦見之於內在的固定增强與內在的變化增强。見 Herbert 同❷, pp. 442-444.

　　這種「行爲修整或增强」被轉換成不同的管理策略，以期增進工作
士氣，控制品質與工作表現，出席率，以及其他各種在工作組織中出現
的動機性的問題❸。在工業組織中應用，發展出一套有系統的行爲修整
技術，最有名的也許就是「金鋼空運公司」(Emery Air Freight Com-
pany) 這個成功的例子了：

　　「……從『超級銷售員』身上發現銷售訓練計畫並未獲致成功，
　　腓尼 (Feeney) 組織了一個新的計畫，强調以經常性的回饋來規劃
　　整個的學習程序。每年的銷售增長從百分之十一躍進到百分之二十
　　七點八。無論如何，這大部份要歸功於應用了行爲修整技術。在顧
　　客服務及運貨量上的戲劇化改變，也和用了新設計的系統有關，亦
　　卽回饋與正增强的系統。……雖然從金鋼空運公司觀察而得的計畫
　　影響力可能不無問題，因爲有其實驗設計上的弱點，但不可諱言影
　　響力仍是相當地强，可以很明顯地從伴隨行爲修整技術所發生的某
　　些事件得知。」❸

　　一般而言，應用傳統的史金納式行爲修整，爲無數强調需求、認知
與其他個人內在心理狀態的「內容」與「歷程」理論提供了另一種有用
的方法。行爲論强調的個人環境的策略性影響，及根據個人所著重的外

❸　這種情形的例子可見於 Everett E. Adam, Jr., and William E. Scott, Jr,.
　　"The Application of Behavioral Conditioning Procedures to the Prob-
　　lems of Quality Control", *Academy of Management Journal*, June,
　　1971, p. 176; Walter Nord, "Improving Attendance Through Rewards,"
　　Personnel Administration, November-December 1970, pp. 37-41; "Where
　　Skinner's Theories Work", *Business Week*, December 2, 1972, p. 54.
❸　McCormick and Ilgen, 同❽，　p. 278. 亦見於 "At Emery Air Freight:
　　Positive Reinforcement Boosts Performance", *Organizational Dynamics*,
　　Winter, 1973, pp. 41-50; "Where Skinner's Theories Work", 同前, pp·
　　64-65.

在客體，作為培育努力及士氣的激勵方劑。然而，這些技術也許太強調控制，將動機的動態完全假定為外因的，而個人則完全被置於工具性的操弄，增強，與制約之下。「控制他人的行為，而否定他們能控制自身的活動」，其合法性事實上已引起道德上的爭辯；而史金納的模式，亦顯示美國管理文化的「控制」症。而從實際情況的實驗證據來看，當用錢來作為增強物，而使它接近工作表現時，行為的頻率也許會降低，而不是如「行為修整」論所預測的提高❸。

第四節　中國式的工作動機

只應用西方文獻中所記載的激勵概念，顯然其效能有限，這不僅是因為許多理論都建立於未經驗證的假定；也是由於文化的偏差而無法全面地反映人類動機。因此，在工作組織、組織設計、組織行為與動機上，漸漸有了值得注意的概念化的「中國」理論。也許這種非經特化的理論趨勢，仍帶有中國文化典型的混淆性，在應用於激勵行為時，並不排除中國的價值觀及社會常模。（見圖4—1模式C右邊格）

中國人對於個人，其自我、欲望與動機的看法，同時建立在實體的與形而上的假定上，它帶有謙遜、信任、和諧等特質，以及情感上的利他主義。根據儒家的說法，要達到與大自然及自己和諧的境界，個人必須表現出某些符合其角色的責任與義務。「個人的責任就是某些道德上的原則，根據這些原則，他可以對自己及他人採取行動。為了要成人及成聖，個人必須在人性的培養及發展過程中，不斷地觀察這些道德原

---

❸ 見 E.L. Deci, "The Effects of Contingent and Non-contingent Rewards and Controls an Intrinsic Motivation", *Organizational Behaviour and Human Performance*, vol. 8, 1972, pp. 217-229; 亦見於 Decci, *Intrinsic Motivation*, New York: Plenum Press, 1975.

則。」❸❼因此在中國企業組織中，成員致力於工作並不單由於工具性的
吸引力，亦是因爲他已承諾要履行其責任。個人對工作的義務及對集體
利益的貢獻，經常被認爲是神聖的。因此，在儒家思想中「激勵行動」
與「道德感的概念」有所關聯——在判斷行動方向時是以瞭解其義務爲
基礎的。「這種意念向度的顯現，乃是君權內化的結果。它是由原來對
君主的概念所轉化而來，君卽是天……乃是存在於個人之外，却能加諸
命令於個人的權力，它也存在於個人自身之內，施令於個人……責任就
好像個人加諸自己的命令。」❸❽因此，在中國人的想法中，激勵行爲乃
是一與道德認知（源於知識）及超我引導（卽自我規範）有關的歷程，
正如莫爾諾（Munro）所言：

　　「所有的這些……顯示學習某些事情的意義也包括有行動方案
　的意念。這可見之於中國對動機的研究。動機這個辭是由日本引進
　的，在中國的心理學研究中，並沒有像西方教科書那樣嚴謹地使用
　動機這個字，當儒家採用動機這種說法的時候，它只是一種可以被
　瞭解的概念，却無法加以明確的分析………這種概念著重一種意識
　的元素，可以刺激個人去採取行動………當個人瞭解某些事情的意
　義，而這意義又帶有價值感時，這種意識元素就會呈現。」❸❾

　　在這種對「中國人」動機的解釋之下，這些激勵行爲的意識元素乃
是由知識所造成，與欲望、意願、或感情沒有任何關聯；因此，行動必
須與知識意義所涵括的價值相符合。在工作環境中，個人會努力工作乃

---

❸❼ Hsieh Yu-wei, "The status of the Individual in Chinese Ethics", in
　　Clarles A. Moore (ed.), *The Chinese Mind: Essentials of Chinese Phil-*
　　osophy and Culture, Honolulu: University of Hawaii Press, 1967, p. 314.

❸❽ Donald J. Munro, *The Concept of Man in Contemporary China*, Ann
　　Arbor: The University of Michigan Press, 1977, p. 34.

❸❾ 同上 pp. 45-46.

是因為他知覺到表現所知乃是他的責任。知識已為個人預設好可欲行為的模式，這個模式就是做好上級所指派的工作。領導者的領導地位之所以會被接納，主要是由於他的卓越與地位，反映出在常模性及技術性上均有過人的素質。西林（Silin）在其對臺灣大型企業的研究中，描述這種結合技術能力與道德式領導來激勵員工的情形：「假設是這樣的，若是讓一個平凡人居於領導的地位，他就會使用其地位去圖謀個人的利益。只有藉由卓越者的領導，透過他們技術上的專長，才懂得抗拒自我中心的誘惑，具有更高的道德情操，也才能導向協調。技術專長反映出領導者運用抽象原則以獲致成功的能力，透著成功，權力才顯得合理。雖然除了單一的技術能力之外，效能還與許多其他的因素有關……領導者最主要的角色就是一名教導者，教導部屬他如何獲致成功的方法。」[40]

對中國人而言，在工作場所的激勵，不只是由於個人內在對工作的責任感，對領導者技術與道德能力上的接納，也是由於他對他人，對投入工作，及對組織契約的信賴。這種社會信賴的「誠摯」與「信心」，其實是深植於精神上對宇宙、自然、祖先崇拜、家庭與孝道等的形而上觀念。用學術化的名辭來說，那是一種完成、實現、發展的尋求，並尋求與外在人事物的和諧。「誠摯表示自我的完成，而其途徑是自我引導的。」「只有那些絕對誠摯的人才能完全地發展他們的本質。如果他們能完全發展自己的本質，也才能完全去發展他人的本質，才能完全去發展事件的本質。」[41]

---

[40] Robert H. Silin, *Leadership and Values: The Organization of Largescale Taiwanese Enterprises*, Cambridge, Mass: East Asian Research Centre, 1976, p. 128.

[41] *Doctrine of the Mean, XXV, XXII*, cited in Wing-Tsit Chan, "The Individual in Chinese Religions", in Moore (ed.), 同[37], p. 295, notes (41) and (40).

在工作情境中的「誠摯」，不只是個人對其工作的奉獻與投入，或只是完成其工作。它還包括人際間的信賴，在傳統中國道德觀念下，個人的品質、自由、權利、責任、及創造、思考、學習、思辨、及行動的能力，若要受到尊重，就必須以儒家的「人性」原則為其基礎[42]。因此，在臺灣市民服務機構之工作行為的一個大型問卷調查中[43]，發現督導「對部屬的信賴與融洽相處」是反映工作中激勵與和諧因素最多的反應。其他顯著的反應則包括「參與及投入的機會」、「平等及公平」等。

在中國人的人文知覺與實際情形中，自我控制，信任，與尊敬他人的必然結果，就是構成禮義道德中的「忠」與「恕」的常模。在工作情境中，忠是一種良心與責任感。當個人與組織、督導、同事、和部屬有了契約然諾，也就有了一種內在的動力，使個人能共同努力，參與工作，並且表現優良，以期達成集體的目標與共同的益處。而恕則表示一種親切、恩惠、情義、與關顧，以期能達成充份的互惠——它通常是一種默契式的義務，而不是如西方型態般列明在契約的安排中。反之，這種交換是基於共同的信任、尊敬，以及「向他人盡責的自我奉獻」（即忠）。

---

[42] 這種「人性的品質」，是精神上而非物質上的。因此，須增加的條件是「事實上，人類是不平等的。所謂平等是指機會或可能性的平等，而不是成就的平等。儒家思想的最高理想，是要敎化人們成為賢者，而……，人皆可以有機會成為賢者……」。它隱含將他人視為一個個體的尊敬、信任、親愛的基本想法。事實上，儒家思想的核心為「誠」的觀念，或是由「尊君」、「博愛」而來的「人性」（摘自論語）。此外，人際互動的首則是互相待之以禮——亦即敬人，「當人人誠之於內時，人人都會以敬敬人」，見 Hsieh 同[37], pp. 315-16.

[43] 本調查乃使用郵寄問卷，寄給包括中央、市鎮、鄉村之政府機構之1562位公職人員樣本，回收率為78.23%。在回收的問卷中，有 1,222 份為「有效」問卷。見 Kuo, Chun-Chi *Group Dynamics and Organizational Behavior*, Taipei: Taiwan Commercial Press, 1982, vol. 1, (71), pp. 2-5.

在這些動機中，明顯存在著與「公平」、「認知一致」、「認可」、「依附（attachment）」等西方概念的相似之處。而其相異之處，却在於中國的道德知覺是以「整體」觀爲其基礎（而非像西方的分段與工具式觀點）。「基於誠，我們有向他人忠誠的責任。亦基於誠，我們有向他人互惠的責任。……一個誠的人，在建設他自己的時候，亦會尋求建設他人；在擴大其自身的時候，亦會尋求擴大他人。這就是互惠。」❹

這些中國文化與工作行爲的看法，導致集體目標的概念，這一個概念已廣被東方人接受爲一個努力的正式目標。與西方强調追求自我及朝向個人目標截然不同，中國人和日本人都覺得他們利他的義務更爲重要，這乃是爲了要達成集體的利益。這種集體主義主要還伴隨著一種「特殊化」（particularistic）的方式——大部分是基於中國社會中一種對家庭及更形而上的「人文」哲學的重視。「特別當要瞭解一個個體時，家庭顯得特別重要，亦卽家庭是每個人實踐的本源。誠的本源直接由家庭而來。……個人對家庭的兩個重要責任就是要孝順父母（孝）以及友愛手足（悌）。」❹因此，我們可以說集體的（也就是家庭的）目標就是個人目標的「延伸」（write large）。

許多中國工商企業也許是循著「經濟關係有意特殊化」的傳統——發展出一種基於血緣或地緣的「個體間經濟交換關係的多重政策」❹。因此企業可以視爲類似於在「被整合的親屬」之下的一個「特殊化整體」（它顯出家長對雇員的仁愛之風，見第四章之討論），個體是爲了企業的整體目標，這也成爲他的動機。例如：

---

❹ Hsieh, 同❸, p. 317.

❹ 同上，pp. 318-319.

❹ W. E. Willmott, "Introduction", in Willmott (ed.), *Economic Organization in Chinese Society*, Stanford: Stanford University Press, 1972, p. 5.

「因爲許多的企業是以家庭爲中心的，它們仍然受家長所管理，他在運作整個企業時有如一位父親，他很著重勤勉，節儉等傳統的價值。因此，如果他要員工每天工作九到十個鐘頭，那是因爲他自己就是如此，他要求他的孩子也是如此……。」❹

我們經常認爲由於強調自然的和諧，因此中國人的性格是固著而不易改變的。然而，穩定與靜止，死氣沉沉，及惰性是不同的。相反地，在中國文化系統中，改變有著正向的評價，尤其是運用於組織背景的管理策略上，特別是當管理者有改革的意願時。此種特質與「人之可塑性」的概念有關——認爲不一定要保持個人目前的穩定的興趣！而是要「創造出新的興趣與潛能」，而這種創造乃是要以權威階層的要求爲其依據❹。它也表示對於透過一個漸次的滲透歷程的教育或培育（有目的的同化）效能的絕對信賴。「可塑性的概念非常重要……也許對那些有意改變的人而言，可塑性的概念更有其心理上的功能。相信人是可教育的，並且有自我實現的能力，或許就會致力於創造能力或氣氛，以造成個人達成某些更佳改變的可能性。」❹

簡言之，中國人對人格可塑性的信念，使得在籌措激勵計畫及處理怠工問題時，都可以有所依據。由於儒家教導要保持內心的「寧靜」狀態（也就是要求(1)有一個公司的立足點；(2)有一個個人生存的立足點），因此中國人傾向於對個人工作的意義並沒有很強的動機去瞭解。「員工

❹ K. S. Lo, "Labour Motivation and Reward", paper presented to *IPCCIOS III Conference*, Hong Kong, October 1968; cited in Joe England and John Rear, *Chinese Labour under British Rule*, Hong Kong: Oxford University Press, 1975, p. 49.
❹ Munro, 同❸, p. 78.
❹ 同上，p. 82.

的獻身植根於他們接受了組織的教導，對於何種活動是好的，他們應該運用個人的技能才智於哪些活動上，都有了與組織互相一致的判斷。」❺⓪而教育的過程，就是要轉移企業組織中個人的觀點與行為。正如莫爾諾（Munro）所解釋的：

「在儒家傳統中，寧靜是描述一個健康心理狀態的標準。……例如，在始業學習時，就告訴員工公司的價值標準，使員工能夠分辨第一和第二的優先順序……有些教導……是針對解釋個人工作的意義和目標。對工作的接受與喜愛的感覺，乃是來自於對其意義的瞭解。換言之，透過培養這些合宜的認識，個人才可能憑自己的技能，及在目前狀況的限制之中生存和工作，而又有符合自己道德標準的協調感。……最後，當這種思想的轉移已被建立時，也就獲致成功了。這轉移包括道德原則的認識，個人工作意義的認識……以及對其之接納與喜愛……」❺❶。

---

❺⓪　同上，p. 75.

❺❶　同上，pp. 74-75.

第五章 態度、滿足及表現

第一節 簡介 (Introduction)

基本概念: (The Notions)

　　在日常生活中，「態度」與「滿足」被廣泛地用來描述人們的心理狀態。而這兩個語詞，在不同的時候其含意有所不同。在社會心理學中，「態度」是指「對於某一事物的情感取向」，意卽個人對一特定事物，經由認知判斷之後，所產生的情感❶。本章所欲探討的，卽爲態度中的一種——「員工態度」(employee attitude)。員工態度的形成主要受到組織與社會中之文化及規範的影響。雖然在心理學界均普遍認爲: 由態度轉化爲實際行爲的過程中，尚受到許多其他因素的影響；但是，基本上員工態度仍被認爲是影響工作行爲與組織中社會互動的重要因素❷。

---

❶ Ernest J. McCormick and Daniel Ilgen, *Industrial Psychology*, London: George Allen 6 Unwin, 1980, 7th edition, p. 302. 亦見於 M. Fishbein and I. Ajzen, *Belief, Attitude, Intention and Behaviour: A Introduction to Theory and Research*, Reading, Mass.: Addison-Wesley, 1975.

❷ 英國工業社會學的一個重要傳統，就是在有關工作研究的取向上，經常以「社會活動」的觀點來分析雇員的態度及工作行爲。因此，雇員在工作上的取向（亦卽他表現於工作優先順序及期待上的工作態度）可視爲介於其在工作環境的

在概念上,「工作滿足」(job satisfaction)與「工作態度」(job attitude)是息息相關的。前者決定於個人的主觀需求與預期。「滿足」乃指個人對於他所喜歡的或不喜歡的態度對象(attitude object),所產生的愉悅或其他情感反應。從這個角度看來,一個人必爲工作中能使他獲得滿足的層面所吸引,而逃避那些不能使其得到滿足的層面。這種看法也就導引出了西方組織行爲理論的中心假設:滿足員工的需求,或多或少是工作動機的先決條件。

然而,無論是理論上或實證上的處理,「工作滿足」如同「工作態度」都是令人難以捉摸的。因爲「滿足」一詞與個人的目標(goals)及預期(expectation)有關,在這種情況下,「若以純粹數量的方式對個人內隱性質的東西進行測量,就很可能發生錯誤」❸。不過,儘管如此,仍有大量研究嘗試地爲「工作滿足」做更明確的定義,以便進行實證研究。1976年洛克(Locke)的研究便指出,從1935年霍普克(Hoppock)的早期研究開始,到洛克1976的探討爲止,有關工作滿足的研究報告被發表的就有三千多份❹。而直到目前,一個對於工作滿足相當普遍的定

客觀特質及主觀的社會經驗(包括組織內與組織外),還有其對於情境的反應間的重要因素。見 J.H. Goldthorpe, "Attitudes and Behaviour of Car Assembly Workers: A Deviant Case and a Theoretical Critique", *British Journal of Sociology*, vol. XVII, no. 3, September, 1966, pp. 239-240; 亦見於 D. Silverman, 'Formal Organizations or Industrial Sociology': "Towards a Social Action Analysis of Organizations", *Sociology*, vol. 2, no. 2, May, 1968, pp. 221-238.

❸ George Strauss, Raymond E. Miles, Charles C. Snow and Arnold S. Tannenbaum, *Organizational Behavior: Research and Issues*, Belmont, California: Wadsworth Publishing Co., 1976, p. 22.

❹ E. A. Locke, "The Nature and Causes of Job Satisfaction", in M. D. Dunnette (ed.), *Handbook of Industrial and Organizational Psychology*, Chicago: Rand McNally, 1976.

義，乃是以個人認爲他能從工作中獲得的，與實際上他所獲得的，這二者之間的差距來界定工作滿足的大小❺。

　　相對於工作的各個層面，工作滿足亦有多個向度。因此，我們可將工作滿足進行整體性或多角度的分析。下面所談論的主題，卽是依「工作」在現實生活中的複雜性所產生的各個工作向度，進行「滿足」的分析。一個人在「工作」的不同層面，如：工作性質、待遇、升遷機會、主管與同僚之間的關係、工作時數、及其他狀況等等，可能有不同的滿意程度。其實，與工作滿足有關的各個工作向度，眞是多得不勝枚舉；不過，在這些工作向度中，開業者與研究者已有相當一致的認定，認爲其中某些已足可解釋大部分工作滿足的來源，洛克(Locke)便將這些向度整理出來，見表5—1。在找出了與工作滿足有關的工作向度之後，是否將個人在這些向度上滿足的分數加總，卽代表個人總合的工作滿足，這又是另外一個問題。首先，直線型的加總（卽將各個工作向度依同等比重，進行總合滿足的計算）未必能瞭解個人工作滿足的眞實情形；因爲，每一個人對於不同工作向度的重視程度並不相同。其次，卽使依據各向度對於個人不同的重要性，分別給予不同的比重，以計算工作滿足，這種方式也有問題。其一，在計算分數時卽有技術上的困難❻；其二，這種方法實際上也是多此一舉的，因爲個人對於各向度的重視程度，業已反應於他在各個工作向度上所評定的滿足程度中❼。

❺　這種取向被 Vroom 名之爲工作滿足的「負性」（Subtractive）理論 V. H. Vroom, *Work and Motivation*, New York: Wiley, 1964.

❻　R. B. Ewen, "Weighting Components of Job Satisfaction", *Journal of Applied Psychology*, 51, 1967, pp. 68-73.

❼　H.P. Dachler and C.L. Hulin, "A Reconsideration of the Relationship between Satisfaction and Judged Importance of Environmental and Job Characteristics", *Organizational Behavior and Human Performance*, 4, 1969, pp. 252-266.

很明顯地，組織中員工的行為是相當受到工作態度與滿足的影響。
而「管理」(management) 很重要的一個目標卽為企業中人員的工作表
現 (job performance)。由此，有關工作動機的探討上， 便隱含着一個
假設：工作滿足是導引員工之工作表現的重要因素（卽滿足員工將使其
更加努力地工作）。針對這個假設，一些學者如：Brayfield 與 Crockett,
Herzberg, Mausner, Peterson, Capwell 與 Vroom 等， 却提出了強烈
的質疑。

科學管理學派與人羣關係學派早期的研究卽指出：在瞭解工作行為
的個別差異現象上，工作滿足這項因素或許並不具備理論上的重要性。
最早提出這種看法的是 Brayfield 與 Crockett，他們於1955年進行調查
研究之後，發現：「在有關文獻資料中，幾乎沒有什麼證據指出員工態
度與工作表現之間，有任何明顯的關係」❽。後來，Herzberg 與他的同
僚則發現雖然「有一些證據顯示正向的工作態度有利於生產力的提高」，
但是也有相當的證據指出「這二者之間的相關很低」❾。

這兩份里程碑式的研究結果，於1964年又為 Vroom 做了一些修正。
他指出過去有關文獻資料中，雖然大多數顯示滿足與生產力之間有正向
關係，但是相關很低，因此，此二變項在因果關係的探討上，並不具備
理論上的重要性❿。

然而，工作滿足與表現二者之間的關係亦有另外一種可能，卽二者

❽ A.H. Brayfield and W.H. Crockett, "Employee Attitudes and Employee Performance", *Psychological Bulletin*, vol. 52, 1955, pp. 396-424.

❾ F. Herzberg, B. Mausner, R. O. Peterson and D.F. Capwell, *Job Attitudes: Review of Research and Opinion*, Pittsburgh: Psychological Service of Pittsburgh, 1957. Brayfield et al. 及 Herzberg et al. 都同意在工作滿足與離職及缺席率之間有穩定的證據顯示存在著一定的關係。 但是，他們却不斷言在工作滿足及士氣、與產量之間，是否存在有強的正相關。

之間尚受其他中介變項的影響，以致於二者在統計上的關聯並不顯著❿。換句話說，前述研究結果雖指出滿足對於表現並不具有重要影響力，但是，在某些特定條件下，二者之間的相互關係可能是相當顯著的⓫。甚至，我們可將其間的關係做雙向處理。也就是說，工作滿足可能加强工作表現，而良好的工作表現亦提昇了工作道德（所謂工作道德，意指一整體組織中，或組織中的部門，其員工之工作氣質的集體傾向）⓬。事實上，對於工作動機採取人本取向的研究者，如 McClelland 與 White，在探討「成就」需求時，「表現——滿足」二者的關係鏈始終受到重視⓭。

第二節　組織變項與人類行為 (Organizational Variables and Human Behaviors)

工作態度、滿足、與表現三者之間的關係雖然複雜、不明確，但是，無論對組織中的行爲進行理論上的分析，或是實際地制定管理政策，這三個變項仍有相當重要的貢獻。同時，由「態度——滿足——表現」等工作行爲的探討，亦可顯現出下面即將談論到的一些組織變項的重要性。由現存有關組織之研究的文獻中，可發現影響組織企業中之行

---

❿　因此，Herman 認爲，只有當其他影響行爲的因素都被控制時，才可以說工作滿足與工作表現之間有關係存在。見 Attitude-Job Performance Relationships?" *Organizational Behavior and Human Performance*, vol. 10, 1973, pp. 208-224.

⓫　見 McCormick and Ilgen, 同❶ p. 309.

⓬　簡而言之，士氣就是工作組織中雇員團體態度的集體表現。一般而言，工作態度是個人性的，然而士氣却是指團體背景中集體性的態度。

⓭　Robert W. White, "Motivation Reconsidered: The Concept of Competence", *Psychological Review*, vol. 66, no. 5, 1959; David C. McCelland, *The Achieving Society*, Princeton, New Jersey: D. Van Nostrand Co., Inc., 1961; 亦見於第四章的討論

為的因素，有四大類：㈠技術，㈡組織結構，㈢領導與權力系統，及㈣工作性質。

技術，如同工作態度與滿足，亦是個難以界定的概念。然而，技術所包含的意義雖然旣多且廣，但是目前它的含意已相當明確；任何關於技術有效的定義，不但涉及與生產有關的硬體，同時，也包括了「操作這些生產設備所需要的知識、及如何運用這些知識、硬體於生產的途徑、方法」⓮。事實上，現代技術是益發地重視知識，及其應用了，譬如說電腦技術的興起，此項技術在 Woodward 對於技術所作的古典分類中，卽屬於程序系統 (process system) 類⓯。知識的輸入不但與生產及技術硬體的維持有關，對於它們的善加運用也是很重要的。Woodward 卽將一個組織的特定技術定義為「與某特定時候之生產工作的運行及基本原理有關的工廠、機器、工具、及方法」⓰。由此可見 Woodward 已洞悉了其間的複雜性。而 Parsons 在闡釋何謂技術時，更明顯地點出了知識的運用，「技術……，於其間知識只是一種工具性的運用，以達成目標，它本身並不是技術的目的」⓱。由此，知識的應用乃在企圖因

⓮ Celia Davies, Sandra Dawson and Arthur Francis, "Technology and other Variables: Some Current Approaches in Organization Theory", in Malcolm Warner (ed.), *The Sociology of the Workplace*, London: George Allen & Unwin, 1973, p. 151.

⓯ J. Woodward, *Industrial Organization: Theory and Practice*, London: Oxford University Press, 1965.

⓰ J. Woodward (ed.) *Industrial Organization: Behaviour and Control*, London: Oxford University Press, 1970, p. 4.

⓱ T. Parsons, "The Impact of Technology on Culture and Emerging New Modes of Behaviour", *International Social Science Journal*, vol. 22, 1970.

應各種狀況與組織命令的生產活動之設計中，找到了自己的位置⑱。

　　過去的研究文獻均指出，工作中的不滿足常來自於「微技術」(micro technology) 的一些特性⑲，譬如：極端的專業化、重複、對於工作途徑方法的缺乏控制、沒有充分的空間以發揮個人的技巧能力等⑳。大規模的生產技術為人所詬病之處，即為其工作特性的非人性化，這些工作特性將導致疏離感與工作不滿足㉑。然而，技術對於企業中每位成員之工作態度的影響，並非完全一樣的。Sayles 在其一篇值得稱道的，有關工業工作團體的研究中，對於「技術決定論」(technological determinism) 進行修正，提出了一個重要的干涉變項——工作團體之間彼此相對的地位與功能——影響着員工的行為㉒。然而，Sayles 雖然承認所有相關的變項均與「工作程序的組成」有關，但他認為由「技術程序所引生的社會系統」，才是決定工作團體之態度與行動最重要、最

⑱　例如，見 C. Perrow, *Organizational Analysis: A Sociological View*, London: Tavistock, 1970. 亦見於 Davis, Dawson and Francis, 同⑭ pp. 151-154.

⑲　這一般是描述用於個人工作的技術

⑳　這類文獻回顧可見之於，例如 V.H. Vroom, *Work and Motivation*, New York: Wiley, 1964, pp. 126-150.

㉑　C.R. Walker and R.H. Guest, *The Man and the Assembly Line*, Cambridge, Mass.: Harvard University Press, 1952; E. Chinoy, *Automobile Workers and the American Dream*, New York: 1955; J. Woodward, *Management and Technology*, London: H.M.S.O., 1958; R. Blauner, *Alienation and Freedom: The Factory Worker and His Industry*, Chicago: University of Chicago Press, 1964.

㉒　四種「工作團體」的分類——冷漠式、不定式、策略式、保守式——乃是由 Sayles 根據相同的技術性特質來劃分的 L. R. Sayles, *The Behavior of Industrial Work Groups: Prediction and Control*, New York: Wiley, 1958, p. 4, p. 39.

根本之因素的來源❷。事實上，在「社會——技術系統」的概念裏，組織中的技術、社會、及經濟向度於因果關係上，彼此是交織在一起的。由此觀點看來，組織中的技術、形式結構、以及成員的情感態度，三者之間是有系統性地關聯在一起，並不能指出何者較爲重要。因此，技術與形式結構乃共同地「限制了由參與所獲得的滿足，亦影響生產的品質」。同時，「技術與形式結構的形成，亦受到環境對於組織之要求的影響」❷。

組織技術與組織結構二者之間的關係亦是模糊不清的，部分原因是源於此二概念在含意上有相當大的彈性所致。從廣義的角度來看，組織結構決定了組織爲達成其目標所顯現出的特定特徵❷。更詳細地說，它是指一個組織的 (i) 大小，(ii) 工作與職權的分配、結構； 也就是指這些工作、職權在縱與橫的角度上是如何地劃分，並如何地歸爲某些部門、單位，由此亦同時決定了組織管理的方式，控制的廣度（例如：某組織是「高的」抑或「胖的」），劃分、協調、與整合的方式原則，以及權力集中的程度等等。

然而，亦有一些證據顯示組織結構也會影響工作態度與滿足。例如：Porter 與 Lawler 就曾經提出在組織階層中處於高層者，與組織中較小工作團體的成員，較可能有高層次的工作滿足； 不過，他們並未發現在

---

❷ 同上 p. 93.

❷ David Silverman, *The Theory of Organizations*, London: Heinemann, 1970, pp. 110-111. F.E. Emery and E.L. Trist, "Socio-Technical Systems", in C. W. Churchman and M. Verhulst (eds.), *Management Sciences-Models and Techniques*, vol. 2, London: Pergamon, 1960, pp. 83-97; A.K. Rice, *The Enterprise and its Environment: A System Theory of Management*, London: Tavistock, 1963; E.L. Trist et al., *Organizational Choice*, London: Tavistock, 1963.

❷ John Child, *Organization: A Guide to Problems and Practice*, London : Harper and Row, 1977, Chapter 1, esp. pp. 8-10.

組織決策上權力集中的程度對於工作態度或行為有系統性的影響❷。這樣的發現便對「人羣關係學派」的看法提出質疑。依人羣關係學派的看法，給予更多參與範圍——即分權式的決策體系，以及採取儘量豐富員工工作內容之設計的組織結構，此種結構與技術相結合將導致最大程度的工作滿足與表現❷。然而，儘管有上述質疑，後來的研究則顯示由於組織之「科層化」(bureaucratisation) 所導致的疏離感未必不重要、不顯著，尤其在白領階級中是很容易發現疏離感的存在。根據 Aiken 與 Hage 對於16個福利組織所做的研究，即發現高度集權與高度形式化的組織——也就是相當依賴規則並對工作有詳細描述的組織，易使員工產生疏離感❷。Blaw 與 Scott，以及 Hall 等人認為，這種加強員工對於

❷ L. W. Porter and E. E. Lawler, "Properties of Organization Structure in Relation to Job Attitudes and Job Behaviour", *Psychological Bulletin,* vol. 64, 1965, pp. 23-51.

❷ 這種「人羣關係」（human relations）文獻的重要例子包括 C. Argyris, *Personality and Organization: The Conflict Between System and Individual,* New York: Harper Row, 1957; *Understanding Organizational Behaviour,* Homewood, Illinois: Dorsey Press, 1960; *Integrating the Individual and the Organization,* New York: Wiley, 1964; D. McGregor, *The Human Side of Enterprise,* New York: McGraw-Hill, 1960; and R. Likert, *New Patterns of Management,* New York: McGraw-Hill; *The Human Organization: Its Management and Value,* New York: McGraw-Hill, 1967.

❷ M. Aiken and J. Hage, "Organizational Alienation: A Comparative Analysis", *American Sociological Review,* vol. 31, no. 4, August, 1966, pp. 497-507. 在組織對於工作滿足及士氣的塑造上，亦可見之於 James C. Worthy "Organizational Structure and Employee Morale", *American Sociological Review,* April, 1950; Lyman W. Porter and Edward E. Lawler III, "The Effects of 'Tall' Versus 'Flat' Organization Structures on Managerial Job Statisfaction", *Personnel Psychology,* Summer, 1964.

組織中之種種程序與階級權力產生依賴的官僚行政，基本上是與白領階級的專業傾向，也就是較重視工作自主性的傾向相違背的㉙。

因此，在有關工業方面的各個研究，有相當一致的看法，認爲組織的不斷擴大將導致一些負面的工作反應，譬如：衝突等等。在實證方面，我們亦可發現這樣的現象，愈是大型的企業愈易發生罷工㉚、高缺席率㉛、低工作滿足㉜、以及在組織活動方面較低的參與率㉝。不過，這些研究亦同時指出，在組織大小與低工作滿足之間尚受到其他結構性因素，

㉙ P.M. Blau and W.G. Scott, *Formal and Organizations*, London: Routledge & Kegan Paul, 1963; R.H. Hall, "Professionalization and Bureaucratization", *American Sociological Review*, vol. 33, no. 1, February, 1968, pp. 92-104.

㉚ 見於，例如 S. Cleland, *The Influence of Plant Size on Industrial Relations*, Princeton University: Industrial Relations Section, Department of Economics and Sociology, 1955; R. W. Revans, "Industrial Morale and Size of Unit", in W. Galenson and S.M. Lipset (eds.), *Labor and Trade Unionism*, New York: Wiley, 1960, pp. 259-300.

㉛ B.P. Indik, "Some Effects of Organizational Size on Member Attitudes and Behaviour", *Human Relations*, vol. 16, 1963, pp. 369-384; Indik, "Organization Size and Member Participation: Some Empirical Tests of Alternative Explanations", *Human Relations*, vol. 18, 1965, pp. 339-349.

㉜ S. Talacchi, "Organization Size, Individual Attitudes and Behaviour: An Empirical Study", *Administrative Science Quarterly*, vol. 5, 1960, pp. 398-420.

㉝ W.K. Warner and J.S. Hilander, "The Relationship between Size of Organisation and Membership Participation", *Rural Sociology*, vol. 29, no. 1, March, 1964, pp. 30-39; 亦見於 L. W. Porter, "Job Attitudes in Management I-VI", *Journal of Applied Psychology*, vol. 46, 1962, pp. 375-384; vol. 47, 1963, pp. 141-148, 267-275, 386-397; vol. 48, 1964, pp. 31-36, 305-309.

例如：科層化、組織中人際溝通量、功能自動化之張力、部門之間衝突的影響。

過去研究文獻於探討領導與權力系統對於工作態度、 滿足的影響時，大多將重點放在督導結構與型態的分析上。一些文獻探討指出以員工為中心，強調參與的督導型態，易於導致工作滿足、低缺席率、與低勞工轉業率❸。然而，這種關係並非完全地適用於各種狀況。首先涉及到的問題是職業的多樣性。譬如：對專業人員而言，參與型的督導未必使其產生最高的滿足，最少的疏離感；他們反而比較喜歡放任型的領導型態，比較喜歡在工作中享受較高的自主性❸。其次，督導型態對於工作滿足的影響亦受到一些其他限制性因素，例如：督導者與其上司之間關係的影響❸，由此，在探討技術、工作團體大小、組織結構等因素對於工作滿足的影響時，亦應將「督導」這項因素納入考慮。

工作性質，也是影響工作態度與滿足的因素之一，其含意亦相當地模糊不清。在某個範圍內，它並不是很明顯的獨變項，因為它必定受到組織技術與結構的限制，當然，它也受到一些相關因素，如：上屬的工作角色、 權責、 和上下屬之間的關係等的影響。 此一概念由 Abell 與 Mathers 予以補充，他們認為工作是一個「運用技術將一些輸入轉換為

---

❸ 見於，例如 M. Argyle, *The Scientific Study of Social Behaviour*, London: Methuen, 1957; R. Blauner, "Work Satisfaction and Industrial Trends in Modern Society", in W. Galenson and S.M. Lipset (eds.), 同❷ pp. 339-360; Vroom, *Work and Motivation*, 同❺

❸ 見，例如 G.A. Miller, "Professionals in Bureaucracy: Alienation Among Industrial Scientists and Engineers", *American Sociological Review*, vol. 32, no. 5, October, 1967, pp. 755-768.

❸ D.C. Pelz, "Influence: A Key to Effective Leadership in the First-Line Supervisor", *Personnel*, vol. 29, Nov. 1952, pp. 209-217.

輸出」的過程❸。更明確地說，技術乃是透過（i）工作的不確定性（包括輸入的不確定、技術的不確定、和輸出的不確定）；（ii）工作的相互關連（譬如在各個個人、各工作團體、各分支、各部門之間所發生無數的干涉因素、工作上輸入、輸出之間的關聯、彼此輸出的協調等等）；（iii）輸入／輸出各個項目❸；以及（iv）控制結構等，影響着工作性質（或是工作角色）。同時，組織結構亦透過它的層級（卽權力分佈的層級；可視爲干涉因素）、勞力分工以及劃分各個部門的邏輯、和決策的集中程度，影響着個人在其工作人所能控制的範圍，和自由裁量權力的程度。因此，在特定的組織特徵之下，員工在工作上的自由裁量權力，可藉由工作輸入、輸出或是技術的不確定性之增加而提高。同樣地，在特定的不確定性／控制範圍之下，工作裁量權亦可透過整個組織控制程度的降低，或是較小的組織階層而提高。

當然，工作性質對於個人工作態度與滿足的影響，也相當地受到在職者個人主觀之工作認知的左右。首先，個人對於工作的認知，並不全然地等於工作性質的客觀描述，因此，許多要項（可能被認爲是有助於、或不利於工作滿足、個人自由的項目）或許不爲工作者所察覺。其次，如同 Lawler 與 Porter 所說的，個人的角色認知（是指個人對於他該如何成功地從事其工作的看法，此一看法尤其地決定於他所獲得，

---

❸ Peter Abell and David Mathew, "The Task Analysis Framework in Organizational Analysis", in Malcolm Warner (ed.), *The Sociology of the Workplace,* 同❹ p. 165.

❸ 這是由 Abell 與 Mathew 所定，在不同工作（task）之間有否可能做評估的標準。換言之，假如 t^1（task 1）的輸出卽爲 t^2（task 2）的輸入，那麼這兩項工作卽不可能同時予以評估。這表示在一個工作之間互有相關的系統中，控制結構的特質，是影響評估能力的重要因素。見同上之 p. 171.

有關工作需求的訊息）有助於個人決定如何地施展他的心力 ❸。由於此一因素影響個人工作表現的品質、水準，而工作表現又與個人的滿足、工作取向有關，因此，工作性質與個人的主觀解釋，對於組織行爲的複雜影響是顯而易見的。

　　總而言之，許多關於技術、組織結構、權力與領導型態、以及工作性質的研究，指出這些變項是影響員工之工作態度與滿足，相當普遍的組織因素。當然，它們所涵蓋的層面並不完全，還有一些其他變項（相對於工作組織的變項）也在別的研究裏，被證實對於工作態度有重要的影響。譬如，一個最近在臺灣所做的研究，使用精細的測量工具「工作描述指標」(Job Description Index) ❹，以調查一些樣本公司、工廠之工作人員的工作滿足，發現家庭態度（family attitude）和某些背景因素（如受試者的性別、年齡、教育程度），顯著地影響着一些與工作有關的態度 ❹。然而，此研究肯定某些上述組織因素亦與組織所處的中國

❸　Edward E. Lawler, III, and Lyman Porter, "Antecedent Attitudes of Effective Managerial Performance", in Victor H. Vroom and Edward L. Deci (eds.), *Management and Motivation*, Harmondsworth: Penguin, 1970, pp. 261-266.

❹　「職業描述指數」(Job description index 簡稱 JDI) 是一個測量工作滿足的工具，由 Bowling Green 州立大學的 Dr. Patricia C. Smith 所編訂。本量表測量五種態度：工作、督導、薪資、升遷、及同事。量表由一系列形容辭及陳述句所組成，受試者在每個項目上回答「是」、「否」，或「無法決定」。量表所含的理念是：雖然它實際上是在描述個人的職業，然而這種描述卽可指出個人對其職業的評價。見 P. C. Smith, L.M. Kendall and C. L. Hulin, *The Measurement of Satisfaction in Work and Retirement*, Chicago: Rand McNally, 1969; also McCormick and Ilgen, *op. cit.*, p. 310.

❹　Cheng-Kuang Hsu, *Workers and Their Job Attitudes: Exploratory Studies of the Young Factory Workers*, Taipei: Institute of Ethnology, Academia Sinica, monography no. 26, 1980, chap. 2.

背景有關，尤其是，工作性質與員工之職業特色之間的關係。它發現，不同的職業團體，如：技術人員、紡織工人、編織人員、木匠、電氣技師等，對於薪資、升遷機會、同僚關係、上下屬的關係，和其他工作層面的重視程度不同 ❷ 。

不足爲奇地，在香港也發現了相同的情形。Turner et al. 於七〇年代末期做了一個整個香港地區的勞力研究，發現了一項「員工態度的顯著特徵」，也就是工作取向的顯著差異與員工的職業階層和職業種類有關。請看下面這一段敍述：「……技術性愈低的員工、臨時員工、在較小的私人公司、工廠做事的人員、以及年老的工作人員，也就是在香港的勞力階層中最沒有希望的一羣，最關心薪資；然而，公務人員、白領階級的員工、和在大型私人機構服務的人員，比較重視未來的發展」❸ 。

許多在香港文化環境中所做的研究，特別是有關中國經理之需求認知的研究，也發現了「職業」因素影響工作層面的現象。譬如，Redding 發現香港的經理人員，相對於西方的經理人員，在「社交」和「自尊」二需求上所評定的重要性較高，而在「安全感」、「自主」和「自我實現」等項目上評定得較低。在 Redding 另一個以一百零二位在商業、貿易、工程等機構服務的中層行政人員爲對象的研究中，亦發現商業交涉與雇用人員時，對於「面子」、「信任」❹ 等道德層面的重視較金錢

❷ 同上, chaps 2, esp. pp. 39-40, p. 48.

❸ H.A. Turner et al., *The Last Colony: But Whose?* Cambridge: Cambridge University Press, 1980, p. 140.

❹ S.G. Redding, "Cognition as an Aspect of Culture and its Relation to Management Processes: an Exploratory View of the Chinese Case", *Journal of Management Studies*, May, 1981, Table 1, Fig. 3, p. 137; also p. 136. 亦見於 S.G. Redding, "Some Perceptions of Psychological Needs amS.M. Lipset in South-East Asia", in Y. H. Pooringa (eds.), *Basic Problems in Cross-Cultural Psychology*, Amsterdam: Swets and Zeitlinger, 1977.

為重。「當被問及有面子是否影響日常商業交涉與協調的成功時，回答是百分之百地肯定。同樣極端地否定（百分之十七），則是沒有面子。……一個人的面子被損毀時，被認為是非常地不利（百分之百）」**⑤**。

第三節 工作滿足與表現：美國研究途徑 (Satisfaction and Performance at Work: The American Approach)

除了瞭解前述一些重要因素，如何影響人們在工作組織中的態度之外，探討東西方的差異也是相當重要的。譬如，探討東西方的文化背景與其企業中之工作滿足、表現的關係。

有關組織行為的美國途徑，其最傳統、最基本的假設可以「人羣關係」教義為代表，此教義將工作表現視為工作滿足的函數。此一觀點認為，一個能享受其工作的人，比不喜歡他的工作的人更努力；同時，能夠沉浸於其工作的人，會有更強的意願把工作做得更好。然而，這個霍桑人羣關係哲學 (Hawthorne human relations philosophy) 易患「寵物牛奶理論」(Pet Milk Theory) 的謬誤**⑥**：也就是說，「快樂的員工即為富生產力的員工」這個看法導引出一項爭論，提高員工的滿足是否確能促使其行為符合管理效率／控制的要求。事實上，早期人羣關係理論所提出的「快樂男孩」觀點，於1950年代末期，已深受批評。「1957

⑤ S. Gordon Redding and Michael Ng, "The Role of 'Face' in the Organizational Perceptions of Chinese Managers", *Organization Studies,* vol. 3, issue 3, 1982, p. 209; 亦見於 Table 3, p. 211.

⑥ 「寵物牛奶」理論是寵物牛奶公司所倡議的，他們宣稱擁有較佳的牛奶，是因為這些牛奶來自於滿足的母牛。事實上，這是戰時美國所流行的一種組織實務，以豐富工作者的社會環境來刺激士氣與產量，例如公司野餐、設計地位的象徵、雇員休息室等等—— 一種早期的「人類關係」觀點。見 Theodore T. Herbert, *Dimensions of Organizational Behavior*, New York: Macmillan, 1976, pp. 16-17.

年的不景氣導致了人羣關係訓練設計的結束。同時，並未發現這些設計
（或其他「快樂」技術的實施）對於人員的滿足、生產力有任何幫助。
……這個概念似乎只是靠着迷惑員工而提高產量」❼。

　　然而，後來的「新人羣關係」理論仍然認爲工作滿足是提高工作表
現的重要因素，只是，此時不再單純地由社會需求、尊嚴、及快樂等角
度來界定滿足，而是認爲，人類的需求可經由各種不同的方式、途徑予
以滿足。只要企業能夠得知並追求這些人類的目標、需求，那麼，個人
與組織的目標就不產生衝突，如此，透過 Vroom 和其他學者所提出的
「滿足──努力──表現」循環線路，員工的工作滿足便成爲達到組織
目標的工具。

　　顯然地，這個經過修正的觀點仍是相當地簡化：「行爲研究者和理
論家所關切的是，什麼才是親密的人類系統；他們雖然建立了一個簡單
的模型，以瞭解人們在組織中所處的位置，不過，却忽略了影響組織行
爲的其他因素」❽。組織中的人類行爲，目前已逐漸被認爲是不可能全
由需求滿足予以解釋的。正如同需求滿足對於工作態度的影響，組織亦
塑造、限制、決定了工作表現；一個這種類型的解釋，是無法排除一些
組織變項，如：技術、內部結構、權力及領導特徵、工作性質、和工作
角色等因素的影響。在稍早提及的 Lawler-Porter 所作的文獻整理中，
有些實徵證據對於滿足與表現二者之間的因果關係亦有爭論。其一是，
工作滿足與產量之間有可能呈負相關。在 Slocum 和 Misshauk 的研究
裏，他們比較一個鋼鐵工廠內的工程技術人員與勞工之工作滿足，發現
前者的工作滿足與產量呈負相關，後者則呈正相關❾。另外，還有一些

❼　同上，p. 18.
❽　同上，p. 19.
❾　John W. Slocum Jr. and Michael J. Misshauk, "Job Satisfaction and
　　Productivity", *Personnel Administration*, March-April 1970, p. 57.

研究發現改進工作方法、提高產量，可導致工作滿足的提高❺。於此，工作滿足似乎更扮演了依變項的角色，這一點亦可由 Lawler-Porter 的「期望——表現」動機模型予以解釋。循着回錄 (feedback loop)， 良好的表現可提升員工在工作上的成就感、能力感。而這個在工作能力方面提升的自我意象又進一步地促進其工作態度、工作期望。此工作期望 (aspiration)，也就是「個人對於工作表現所設定的目標……是個人覺得成功或失敗的基準點， 若缺乏工作期望， 工作表現必定較差」❺。圖 5—1卽描述工作表現的成功如何影響工作態度與期望，藉此個人又如何地達到一個新的表現水準❺。

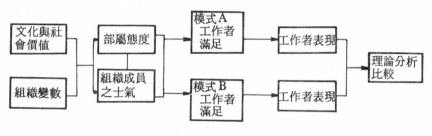

圖5—1　態度、滿足與表現

❺　例如 Kilbridge 所報告的 Maytag Plant 研究，就是從裝配線的程序完全改變成「個人獨立工作的情境」，結果在成本和時間上有效地減少，而工作滿足則增加，見 M.D. Kilbridge, "Reduced Costs Through Job Enlargement: A Case", *The Journal of Business*, October, 1960, pp. 359, 360.

❺　H. Starbuck, "Level of Aspiration", *Psychological Review*, vol. 70, 1963, p. 51.

❺　此種回饋圈 (feedback loop) 的描述， 見 Herbert 同❻， pp. 246-247. as adapted from Kurt Lewin, Tamara Dembo, Leon Festinger, and Pauline S. Sears, "Level of Aspiration", in J. McV. Hunt (ed.), *Personality and the Behavior Disorders: A Handbook Based on Experimental and Clinical Research*, vol. 1, New York: Ronald Press, 1944, p. 334.

　　儘管前述「工作態度——表現」關係的模型相當圓熟，西方在此問題上的探討主流仍認爲表現（不論量與質）是個人認知程序（其中的干涉變項，如：滿足、期望等）的結果。這個看法，亦招致第四章探討工作動機的美國途徑時所提到的批評。此一組織行爲之西方邏輯的理念，可由 Herbert 的看法說明之：

　　　　「透過期望水準這個概念，我們可以很容易地瞭解成功是如何地提升一個人的自設目標，同時，失敗對個人又有何不利影響。這個概念也可應用於個人對於行爲、結果之關連的預期。基於過去的成功經驗，個人的期望水準提高，並且提升至更高水準的動機、意願，促使其更積極、更努力。另一方面，挫折及失敗則降低一個人的期望、熱誠，因爲他所獲得的行爲——成功之機率較低。如此，動機更低，冷漠亦將產生」❸。

第四節　滿足與表現：中、日案例 (Satisfaction and Performance: The Chinese-Japanese Case)

　　有關組織方面之態度、表現的中國途徑，與西方或許不同，它不如西方那麼地重視個人需求滿足對於工作表現的影響。在這兩個文化之下，與組織表現有關之各因素的作用並不相同，如圖 5—2 所示，在東方，滿足與表現二者可分開、獨立地變動。另一個重要的現象是，中國企業運用集體的士氣以增進團體的利益。

　　中國在工作倫理與態度方面的一項特色，是個人的工作表現不一定符合他認爲可能從工作中獲得多少金錢或是內在的滿足。換句話說，中國人在工作方面的基本觀念，是將其在工作上必須扮演何種角色的義務（是規範、道德觀勝於利弊的考慮）與他可以由工作中獲得的滿足（是

❸　Herbert, 同❹ p. 248.

一種快樂論的觀點）分開。這種現象乃源自於儒家的觀點，是中國人對
於工作的基本理念，它對於工作表現的影響在第四章已做過詳細的探討。
這種心理現象，也就是在個人的情感層次提高其工作道德，可以解釋一
些矛盾的情形，如：個人雖然並不熱衷於其厭惡的工作，但仍能維持良
好的工作表現；雖然工作條件不佳，甚至得不償失，仍能促使其擁有正
向的工作態度。在一個蘇氏對臺灣企業所做的研究裏，獲得了這種現象
的間接證據：研究者發現如果受試者們認為他們對更大的社會、團體有
所貢獻，有社會價值時，他們的工作態度很顯著地受到影響❺。

　　有關東方文化中之工作組織的另一項特色，是由集體而嚴肅的角度
來看工作表現，認為它是企業、部門、或工作團體中成員之「團結力」
的顯現。然而在西方，個人目標是分析組織行為時的首要重點，因此，
促進表現便由個人化的動機着手。這個觀點用於分析中國或日本的現象
時，就可能並不適合。在東方，工作士氣對於員工表現的激勵作用更勝
於個人需求期望的影響。事實上，在探討整體工作精神的美國研究或理
論裏，很少認真地考慮企業士氣的影響。

　　由此，可以瞭解工作士氣是解釋東方之良好工作表現的重要關鍵。
它引發了利他的傾向，使得團體中的成員突破個人或小團體的利益、衝
突，而結合在一起，在集體的精神之下，共同為團體、組織的目標而奮
鬥。雖然工作滿足與士氣二者密切關連，但在下面的分析，由於考慮的
因素更多，二者亦須分開討論。首先，分析士氣時尤其需要參考 (i) 組
織策略與管理策略；(ii) 領導型態；(iii) 同僚態度；和 (iv) 由社會化
而來的工作價值與規範。由於這些變項與文化有關，再加上西方對於士
氣的探討較少，因此，東西方在工作士氣上顯然有所不同。

---

❺　Cheng-kuang Hsu, 同⓮, p. 88 and p. 112.

一般而言，在美國企業中工作士氣是管理所考慮的重點之一，因為它被認為是提高產量的基礎。然而，這些老闆們對於士氣的重視，乃是基於工具性的考慮更勝於道德感的作用。依據美國的文化精神，它就像一個轉換的程序：士氣只是一項將輸入之動機轉換為輸出之產量的中介變項而已。因此，士氣是一項重要的管理議題，因為它在繫個人與團體的「心理契約」上提供了重要的功能。然而，這種企圖在刻意的控制下以增進員工之表現、提高效率的功利觀點確是最終的本質；正如同Thurley所說：

「根據工業關係企業主義的模型，典型的美國途徑認為，為了確保效率，公司管理應該詳細地控制每一個細節。美國的理想，是科學管理；而其存在的理由，則是為了追求效率。這隱著對於發明新技術、設計控制方式、和確保效率的重視」❺❺。

相反地，在東方企業中工作士氣則是更廣泛、更必然地存在着，它並不只是為了達到效率而成立。譬如，Thurley 比較日本與美國的管理策略，發現日本式管理中情感性和規範性的「家長式作風和依賴，非常地不同於美國方式」❺❻。假若日本企業的家長式作風，是一種類似生長情境中的「規則」，其「最終目的」是將個人融入企業中，他認為，這種東方的福利企業主義乃是「建立在與家族企業相同的假設之上」❺❼。這種類似家的感覺不但可增加成員對於企業的認同，以促成組織與個人

❺❺ Keith Thurley, "The Role of Labour Administration in Industrial Society", in Ng Sek Hong and David A. Levin (eds.), *Contemporary Issues in Hong Kong Labour Relations*, Hong Kong: Center of Asian Studies, University of Hong Kong, 1983, p. 115.
❺❻ 同上，p. 116.
❺❼ 同上，pp. 116-117.

的融合，而且，它也可以提高整體的工作精神。

　　同樣地，這種家長式作風也是中國管理的一個特徵，它隱含著一種宛如自己也是部分雇主，類似道德、又似理性的義務，「使得雇員們都能分享企業的榮耀」❸。藉著「同在一個屋簷下」的觀念，它對於所有成員與公司的整合功能是相當顯著的，這可由一個七十年代早期，針對香港家具製造業所做的研究而知：

　　　「大多數的家具製造業者都認爲，他們機構裏的人員如同一個團隊般地一起工作，而且，他們亦以其工廠中的和諧爲榮」。許多業者曾言及：「我們就好像來自於同一個大家庭的成員」。一些家具業者亦相信「工作人員應該在其雇主的掌管之下覺得非常安全才可」❺。

　　此一對於企業中全體人員之福利的關切，有時可以解釋業者與雇員之間的相互支持，彼此一同應付緊急事件的情形，例如：共度財務危機。在上述家具製造業的例子中，就有許多業者「表示隨時準備借貸或預支金錢給他們的員工，而且，一些員工亦肯定他們可由雇主處預支薪資，依賴他們的老板爲財務資助的一項來源以度過危機……業者們認爲這是對待員工所必須負擔的義務，同時，他們也知道此借貸行爲在員工心目中所造成的印象，或是不借貸時所可能招致的批評……」❻。

　　同樣地，香港工人則在地方經濟彈性應對世界經濟景氣循環上有所貢獻。譬如，在1974年的不景氣時，勞工們顯現了他們的忍受力，與公司合作，同意凍結薪資、做短時工作、暫時停工、轉業、甚或停薪。甚

---

❺　Ng Sek Hong, "Industrial Relations in the Hong Kong Furniture-making Industry", unpublished M.Soc.Sc thesis, Sociology Department, University of Hong Kong, 1974, p. 325.

❻　同上，pp. 325-326.

至工會也相當地合作。這種自我拘束的現象即爲一種東方文化的特質。
正如同 Turner et al. 所敍述的：

「譬如，1974、75年的經濟蕭條，若依照香港勞工對於安全問
題的敏感度，這是個相當不穩定的狀況，此時，工會（FTU）接受
建議穩定當時的情形，而不加以渲染」❻。

「原本1974、75年的蕭條可能引起相當大的勞工動亂，但是，
基於工會的態度，它並未發生」❷。

除了前述情形，在探討與「士氣」有關的其他現象，如：工作價值、
社會化之東西方差異時，亦應考慮文化因素。這些差異可由 Dore 所著
之「尊嚴、工作倫理與授權」(Pride, Work Ethic and Authority)一書
中的兩個例子——英國工廠（在 Bradford 和 Liverpool 的兩個英國電
廠）和日本工廠（Hitachi）予以說明：

「……人們爲了許多理由而工作，其中有一種內在動力，使得
一個人在未達成任務時覺得不舒服。一般日本人的這種傾向似乎是
勝於英國人的……。

Bradford 工人的矛盾情感，和 Hitachi 工人毫無保留地表達
他們對於工作的尊嚴，二者顯然不同，那麼，何種文化差異可以解
釋這種現象呢？首先，……很難讓人產生尊嚴感的例行工作，在英
國勞工階層的工作中所佔之比例大於日本，因此，在英國勞工社會
裏所形成的重要觀念，是將工作單純地視爲一種並不令人愉快的賺
錢方法。其次，……有一種相當不同的『島國性』Hitachi 文化。
Hitachi 的工作伙伴，……很可能成爲 Hitachi 員工的參照團體。

---

❻ H.A. Turner, et al., *The Last Colony: But Whose?* Cambridge: Camb-
ridge University Press, 1980, pp. 146-147.

❷ 同上，p. 159.

第三、 Hitachi 員工設有保留地將其個人尊嚴與公司的成就融合在
一起。然而，英國電廠工人則將雇用關係視爲一種剝削，因此，認
爲表達自己對工作的尊敬或滿意，只是顯示自己接受這種奴役關係，
是對老板意欲宣傳的同情」⑥。

此一工作態度的差異（西方的個人主義、功利主義、和東方的利他
主義風氣）多少亦反映在與授權和領導有關的態度上。在東方，人們很
能接受授權的層級分化，因此，垂直式的團結和諧和信任，是相當規範
性的原則。相反地，西方的「平等主義」、「個人主義」和「契約關係」
則促使授權情形降至一個科層式、分隔式、劃分清楚的形式，以下屬能
夠忍受的限度做爲劃分的標準。於是「在 Hitachi，公司有需要時可隨
其意思『佈置』員工的作法能被接受……；在英國電廠，員工則希望先
經過諮詢，並且給予選擇的機會……如果未經諮詢，即使很小的工作變
動也可能引起罷工；在 Hitachi 公司，……經理們在工作事務上的權威
是不容挑釁的。在一個製造廠裏，有人抱怨工作負荷過重，工作時數超
過了他們的預期……但是，沒有人提議拒絕這種狀況。…… Hitachi 的
員工雖然有些怨懟，却認爲他們不該堅持地要求一些假期」⑥。

另一項有助於東方組織中之士氣和集體承諾的因素，是對於企業的
概念，此點與西方頗爲不同。對於後者而言，由於工作關係基本上被認
爲是一種經濟現象，只是雙方的契約，因此，此一拘束個人和組織的契
約就相當地詳細、分明，較不易產生混淆却也較不容易將二者融合在一
起。相對地，東方的公司則通常採用小型的政治原則。就這一點而言，
依據中國的政治傳統，良好的政府是一個清明的政府，善用賞罰原則；

---

⑥ Ronald Dore, *British Factory-Japanese Factory,* London; George Allen
& Unwin, 1973, pp. 245-247.

⑥ 同上，p. 247.

此原則適用於企業裏，便有助於士氣融合、公司形象的形成。這個維持內部社會秩序的系統，在日本公司裏顯得相當精巧：「根據 Hitachi 的規則，懲罰尚分許多等級。有一種懲戒是要求犯錯者寫一份悔過書（Shimatsusho），正式地承認自己犯錯、表示道歉，並且答應改過」❻。然而，士氣是一種正向的動力，於此，中國「多賞勝罰」的原則便用進了組織實務裏。於是，在 Hitachi 的規則中，『賞』的應用先於『罰』的應用。……獎賞分許多等級，從嘉許的獎狀、獎品、到非節慶的獎金。……還有『獻身獎章』，以讚許那些能在無聊、無趣之工作上表現良好的人。獎賞的分配實際上要比懲罰多」❻。

第五節　結　　論

　　本章中論及工作表現與工作滿足二者無法完全地相互解釋，這一點或許可由 Hitachi 的例子作一明確的說明。如同 Dore 在他的研究中所觀察的，Hitachi 的員工在工作滿足上顯現「沮喪」的現象。他指出，這是相當矛盾的，「Hitachi ……頗能因應員工的要求。但是，讓人驚訝地，這並不表示它成功地使員工們覺得愉快。……當測量 Hitachi 員工享受工作的情形時，發現他們並不快樂」❻。對於這個工作不滿意的現象，Dore 提出了下面的解釋：

　　「部分原因………來自於工會的準備工作。由於這種終身投入的系統，實際上缺乏區域性的勞工市場，因此，薪資的比較標準只有參考美國工人的薪資，於是，顯然地，工會希望有更高的薪水。

　　另一個可能原因，是源自於文化性格的不同。一端是活潑的、

---

❻　同上，pp. 241-242.

❻　同上，p. 242.

❻　同上，pp. 216-217.

富幽默感的滿足，另一端則是如履薄冰地負責和戰戰兢兢地自我促進」⑱。後者的心理現象就相當符合日本的民族性。

雖然 Hitachi 顯現出乎我們意料的工作不滿足，然而其工作士氣、紀律、和產量都優於英國電廠。顯然地，對公司的認同並不表示就喜悅它。不過，缺乏這種感情是否減損員工們對公司所付出的努力，還是一個問題。 對 Hitachi 的員工而言， Hitachi 仍是他們心目中最好的公司。⑲

正如本章所言，由東方文化此一觀點來看工作這個問題，可以瞭解負面滿足和正向工作精神並存的矛盾現象，是有其內在邏輯的。

---

⑱ 同上，p. 218.
⑲ 同上，p. 219.

第六章　權力、權威及影響力

第一節　導論：基本概念

　　在西方文獻中，工作組織的權威觀念是沿襲著韋伯科層制度概念下的傳統形式，即很接近所謂由上對下的觀點。權威或形式權威是隸屬在個別工作所有者的職位上，亦即當你具有某職位，就擁有權威。因此，它是在合理地及直接地朝向組織目標過程中，使擁有者能影響他人行爲或行動的制裁權利 (sanctioned right) ❶。在一個組織中，權威運作方向通常是向下作用，並被視爲是約制上層與下層關係的法寶。對於在上位者來說，就如 Robert Michels 所主張的──權威不管是天生的或是學來的，是一種運用其優勢凌駕於一團體之上的能力 ❷。相反地，在認同權威時，下位者在有多項選擇的情境下，通常總是暫時中止其個人的意見或能力，而以所接收的命令或訊號作爲他行動選擇的基礎 ❸。簡言之，

---

❶　Max Weber, *The Theory of Social and Economic Organization*, translated by A.M. Henderson and T. Parsons, New York: Fred Press, 1947, p. 45.

❷　Robert Michels, "Authority", *Encyclopedia of the Social Sciences*, vol. 2, pp. 319-321.

❸　H.A. Simon, *Administrative Behaviou r*, New York: Free Press, 1953, p. 126.

權威限定了上層與下層人員關係間必要的適當行為，當一個體處於這關係中時，在下位者必須認可在上位者的角色與地位❹。它意含著權威的決策權利是合法並被認可接受的。他享有這種權利，正如西蒙 (Simon) 所言「最後一個字的權利」❺。

因此，工作組織或許可視為一個階層性複雜的決策關係，以促進決策能對邁向組織目標及控制有所貢獻。正如 Bierstedt 所宣稱的，權威幾乎是社會組織的一個屬性 (property)。「權威只出現在組織化的團體或社會中，沒有組織的團體或社會就沒有權威。意即：沒有組織，就沒有權威存在，……更進一步的說，權威的運作絕不會超越組織的範圍，而在組織中權威是制度化，並給予支持與付予制裁權的」❻。

使下屬人員自願順從於上位者指導的最主要基本因素是「合法性」，而合法性正好區辨了權威與權力 (power) 兩概念的差異。對前者而言，下屬人員是認可上司角色的階層地位，而且雖然制裁作用也可加諸在權威的運作上，如撤銷其權威性，但它們這些都被視為是合法的。對於後者而言，相反地，在一個權力運作的情境下，加諸在他人身上的制裁或威脅，並不具任何合法性。因此，權力效用的發揮是在未經人們認可的情況下，支配人們的強制力量。結果，當個體因沒有足夠力量來抗拒，或依賴權力擁有者供給他們所需資源的別無選擇下，權力的作用就會伴隨有壓力或脅迫的經驗。在這兩者情境下的制裁力量的本質也有所不同。「當制裁被視為是合法正當的，則它們被認為是存在於權威關係下，它

❹ Alan Fox, *A Sociology of Work in Industry*, London: Collier-Macmillan Publishers, 1971, p. 35.

❺ Simon, 同❸。

❻ Robert Bierstedt, "The Problem of Authority", in Peter I. Rose, *The Study of Society*, New York: Random House, 1967, p. 607.

是不同於權力關係下的例子」❼。

有了以上的比較，在兩者的情境下，下屬人員的順從型態內涵也有所差異。在權威情境下，一個人認可上司的命令，有義務要服從，它是不同於特權的，在特權情況下，順從只有在制裁力量的威脅或運用下才出現，而這些制裁力量並不被認為是合法的。因此自願合作與威脅下強迫服從是不相同的。對後者來說，當脅迫的制裁不存在時，服從也跟著中止❽。

因而，宣稱權威是「合法範圍的影響力」，對下屬人員在毫不知覺的情況下發生作用的說法是合理的。這種毫不知覺的作用，是由於下屬人員在組織中的行為並無意識到有權威在他們背後運作的情況下，接受組織的階級體制下發生的。這隱含著，企業管理的任何企圖，期使在制度體系外運用其影響力是徒勞無功的❾。這種藉著權威後盾的體制外影響力並不被認為是合法的。影響廣義來說，指稱運用控制來引導他人的行為及行動改變，使朝向期望的目標。一般，一個影響歷程可分成三個成份：⑴影響人，⑵影響方式，⑶被影響人。

我們可在各種不同的情境下看到影響的運作，像在組織的溝通歷程上，在團體內或團體間的互動，或控制作用是透過中介代理人的情況。另外，Cartwright 區分了不同的幾種在面對他人時，如何運用其影響力或控制力的影響方式。最常見的一種方式是應用強制權(coercive power)。

---

❼　Fox, 同❹, p. 37.

❽　同上, pp. 37-38.

❾　Chester I. Barnard, *The Function of the Executive*, Thirtieth Anniversary Edition, Cambridge, Mass.: Harvard University Press, 1968, pp. 167-169. 亦見於 Keith Davis, "Attitudes Towards the Legitimacy of Management Efforts to Influence Employees", *Academy of Management Journal,* June, 1968, pp. 75-76.

如早先討論提及的，强制方式會產生恐懼，並且當影響效果未達成時，將伴隨著處罰出現。除非個體有能力承擔，否則處罰的威脅是形成順從的充分條件。第二種影響方式被歸爲使用專家或知識權 (expertise or knowledge power)。譬如，律師的忠告通常是會被認可及接受的，因爲他的專業能力鞏固了他的專家權威。當然，前提是個體本身缺乏這方面的專業知識下，影響力才會發生作用。第三種方式是藉著獎賞的正向獎懲作用而產生的順從行爲。再者，第四種影響方式是由於「參考人」（referent person) 的個人魅力或吸引力所造成，通常涉及有情感的成份。這說明了在一個神才權威 (charismatic authority) 的情境下，影響力的作用是由於優勢者的個人特質激發或鼓動了人們所造成 ❿。對社會心理學家如 Cartwright, French 及 Raven 等人而言，這些不同的影響方式，恰可視爲由於所擁有的社會權力類型的差異所造成 ⓫，而這些不同類型的社會權力，又有相對應的權威類型。列舉如下：

（社會學的）權威基礎	（心理學的）權力類型
非法定權威	强制權力
傳統權威	無相對應概念
理性法定權威	職位權力
神才權威	參考權力

❿ 因此，Weber 認爲許多政治或宗敎運動，基本上都是由於個別領導者帶有强迫性的個人特性。而神權影響力最主要的問題，就在於這種權威並沒有一種清楚的成功與個人努力之間的原則，因此這種神權系統或組織基本上是最不穩定的。

⓫ John R. P. French, Jr. and Bertram Raven, "The Bases of Social Power", in Dorwin Cartwright and Alvin Zander (eds), *Group Dynamics: Research and Theory*, New York: Harper & Row, 3rd edition, 1968, pp. 259-269; Dorwin Cartwright (ed.), *Studies in Social Power*, Ann Arbor, Mich.: University of Michigan Press, 1959.

理　性　權　威　　　　專　家　權　力

（資料來源: Edgar H. Schein, Organizational Psychology, Englewood Cliffs, N. J. Prentice-Hall, 1980, 3rd edition Table 2-1, p. 30).

因此，藉著心理學的觀點，我們可以瞭解影響的內隱形式是權力，當它轉換成去干預或控制他人的行動時，影響開始作用。

第二節　權威、權力與影響力：彼此相互的關係

從權力的觀點談影響力概念，若只集中在由權力擁有者所引發的影響力的討論上，是很受爭論的。基本上，從接收者的角度來分析影響力這概念也是同等重要的；因此，Etzioni 主張權力與影響力應該加以分析區辨。運用權力使個體的行為改變，實質上可能只改變了外在的表象，個體的內在偏好（preference）態度仍未改變。相反地，影響力具有改變接收者的內在偏好結構的效果，以致他能心悅誠服。在使用權力的情境下，會引起抗拒，雖然這些抗拒會被壓制，但這並不表示個體接受權力改變意志，而通常是由於抗拒所花的代價太大，或被禁制，或已不可行的結果⓬。相對地，影響力隱含著接收者願意接受行為改變，它通常是經由與期望的行為比較下而產生正向的態度改變。簡言之，依 Etzioni 對權力與影響力的觀點，他認為影響力是一潛隱的動機力量形式，它是借著引起個體認知偏好的重新組合來達成行為改變的。

影響力的合法性仰賴於權威，通常是透過服從。因此影響關係並不需要借助外控的獎賞或處罰來完成。人們祇是單純的認為別人有正當的權利去影響他，而他有義務去接受這個影響⓭。這種義務感，說明了服

⓬　Anitai Etzioni, *The Active Society*, New York: The Free Press, 1968, pp. 359-360.

⓭　French and Raven, 同⓫, p. 265.

從或志願順從的現象，是從人們的使命或道德來的。這些使命或道德正反映了個體的社會化經驗。社會化歷程使人們同質化，在這個同質範圍裡，規範價值或道德標準使人們不得不去服從，就像接受理論（accept-ance theory）所主張的一般。

在組織環境裡，當權威運作時，雖然權威的上下理論（Top-down theory）說明了在正式組織結構中的階層式命令運作方式；但權威的贊同或接受理論（consent or acceptance theory）却導引了對影響力接受者態度反應的注意。它主張，基本上，在一個領導關係的情境上，影響力的效力是取決於下面追隨者的贊同。因此，要瞭解領導者對追隨者執行他的權威或影響力所能達成的相對效能時，贊同理論與Y理論（人際關係理論）相一致的，都把焦點放置在追隨者或下屬的身上，即把他們當作一個重要的因素。然而對接受理論而言，一個很重要的要件，就如 Milgram 所宣稱的，權威一旦被認定，就很難被管理者所改變 ❹。在科層組織結構中，權威認可制度化後，就很難有機會改變。因此，在組織中當權威被下屬人員認可產生後，它的捨棄絕不會是自動消失或不須花代價的 ❺。接受理論並不適用於個體祇認爲他們具有責任且盲目的服從權威，甚至當此服從與個人的道德價值相衝突的情況 ❻。換言之，在說明個體對權威反彈影響力的忍受力時，這裡指出了個體的同質性範圍要彈性許多。

---

❹ 其探討見於 Stanley Milgram, *Obedience to Authority*, New York: Harper & Row Publisher, 1974.

❺ 同上，p. 143.

❻ 進一步的討論，見 Milgram 的研究對情境中權威順從與不順從型態的實驗討論，這些權威所下的命令是違反基本道德價值的。Stanley Milgram, "Some Conditions of Obedience and Disobedience to Authority", *Human Relations*, February, 1965. pp. 63-66.

　　因此，權威的接受觀念考慮到，在企業組織中主管者權威是建立在規範標準的同意上。假如管理行爲是奠基於或導向於那些並非下屬人員視爲正當的管理價值標準時，權威關係將遭受到威脅。借由共享的價值標準或道德原則，人們的同質性得以持續下去。但這些價值標準或道德原則，並非是穩定及清楚的。相反地，它們是模糊並隨時變動的。但只要是在同質的範圍內，管理權威對下屬人員的效力是可以發生作用的，但超過了此範圍，他們的行爲會被視爲「超越權限」的。

　　上層與下屬人員對工作權威關係的認同，可以是强烈的，也可以是微弱的。而在管理員工關係的程序規範上，也可以是强烈的或微弱的被支持。它取決於彼此間共享的價值標準的强度。因此，可用一連續向度來描述這種情形，它的一端是全然地接受權威，另一端是全然地拒絕權威。全然地接受權威表示無條件的順從指示與命令。典型的例子是忠心教徒對於宗教或神才領袖的順從，或在戰爭中敢死隊員的行爲。量尺的另一端，全然地拒絕權威，表現在對標準規範的破壞，像革命或其他劇烈社會運動中破壞社會政治秩序的例子。不過，在西方的工作組織中，上述的兩種極端例子並不多見。依文化特性來看，他們的權威關係大多建立在一相當具體清楚的接受範圍內，並爲下屬人員適度的認可。在西方社會中流行的共享價值標準及正當的管理法則，是局限在對物質生活標準要求不斷提昇等實質方面的期盼，以及要求參予決策等程序方面的期盼——經由參予決策，實質利益才可取得及受到保護[17]。因此前提假設認爲，在企業組織中，下屬員工對工作的投入是工具性及實效性的[18]。正如 Fox 注意到的，在社會中，大多數企業組織在權威與權力的連續

[17]　Fox, 同[4], p. 45.
[18]　c.f. A. Etzioni, *A Comparative Analysis of Complex Organizations*, New York: The Free Press, 1961.

向度上都位居於中間強度。「只有極少數的員工傾向於完全的否定管理者所制訂的程序規範，也只有極少數的員工願意無條件的順從」⑲。

到目前爲止，由於成員們並不能從對共享價值標準的認同中，提出一套一致並完全適當的管理法則來，因此在工作組織中，順從的議題備受爭論。在西方社會中，個體的順從或對有關權威規定的遵守是「個體對程序規範標準認同的強度與他對實質性或程序性期盼之間的互動作用的結果」⑳。雖然員工認同決策運作歷程，但在他的期盼受到挫折時，他對組織權威的認可就會減弱。當個體對組織價值系統的認同愈弱，就愈無法注意到組織的命令與規範標準。下屬員工們就會輕視規定、不服從指示、反抗命令或甚至違反規範標準。

當然，權威的合法性及接受性是能夠補救加強的——意卽藉著「權力」資源對員工在僱用前與僱用間的社會化影響力來維持與強化。大社會的社會化作用，可使「大多數人對工廠紀律及對僱主權威服從的合法性管理觀念普及化」㉑。這是藉由使用權力後盾支援來促使價值標準系統的合法性能夠落實。「權力能夠在社會化傳遞其訊息的過程背後，立卽提供動力」㉒。在工作情境中，由於某部份的規範架構支持權威，因此其認可性能被擁有權力者所操弄。 在權力轉換爲社會化力量的 過 程中，個體會產生對適當的價值標準內化，並認可權威運作。

⑲　Fox, 同❹, p. 47.

⑳　同上, p. 48.

㉑　R. Bendix, *Work and Authority in Industry: Ideologies of Management in the Course of Industrialization*, New York: Harper and Row, 1963, p. 9.

㉒　Fox, 同❹, p. 57.

第三節　中國人的權力與權威觀點

圖6—1提出了一個中國人在權力與權威觀點的摘要說明。在中國人的心中，這兩個觀念是二元的，但却彼此不可分的。除在一般使用上，它們彼此緊密糾結在一起外，在中國哲學上對兩者間作了精細的區辨。

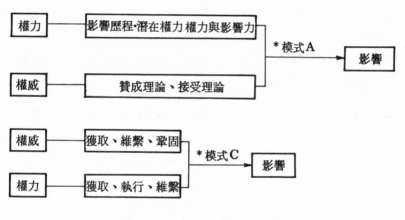

圖6—1　權力、權威、影響

* 模式A表示美國 (America) 模式；模式 C表示中國 (China) 模式，以後各章皆以此法表示。

基本上，在中國文化環境裡討論權威，包含有三個相關向度：它的獲取 (acquisition)；維繫 (maintenance)；及鞏固 (consolidation)。權威獲取的過程可從三個可能的來源，經由 (i) 德行 (virtue)，(ii) 表現 (performance)，(iii) 計畫 (planning)。德行代表著一抽象的特質，它是整個人格的代稱，是人們對於領導者道德評估的結果。其次，表現是一種資格證明，它建立在個人過去的成就上，代表著對個人未來成功可能性的一種預測指標。因此，在職人員所展示證明的表現水準，將決定個體可獲得多少程度的權威。第三、權威也可經由計畫及操弄的

策略過程而產生及增強。對中國人而言，權威可經由長時間謹慎計畫、組織及運用支配影響力及控制力的策略逐步獲取。

在另一方面，權威的維繫通常被認為要參考個體所展現的行動及解決問題的能力來考慮。當一個領導者能夠盡可能地去實現符合其工作與職位所期望的行動時，他的權威就能得到維繫。這些行動的勝任表現，證明了他在解決問題及適應危機的優越能力，同時，根據中國人的觀點，權威在獲取之後，為了希望維持一段較久的時間，「鞏固」就很有必要了。尤其權威的維持，很重要的是取決於在適應衝突不斷的環境下，有效的應變表現（包括預防、遏阻及解決）。在組織情境中，基本上這些功能是表現在對危機及衝突的管理。同樣地，權威的鞏固會隨許多不同因素的作用而有所不同。這些方法包括領導者的努力奉獻，對所轄屬團體成員關係的和諧化，以身作則的行為及表現。對權力及權威應用結果的回饋及認知策略的使用。

在中國的語言中，權威一般都指稱在正式組織層面的影響力，而權力傾向於採較籠統及個人化的形式來表示。由於這樣的特性，根據中國人對權力的瞭解產生了兩個顯著的要素，一個是領導者的魅力（charisma）或參考（referent）特質，它能使他博得尊敬。另一個是他能使別人順從他的能力，亦即他具有使他的意志加諸他下屬人員身上的潛能。當然，權力則源自其他方面的基礎，像專家、強制、體能強度及誘因／酬償的運作。同權威一般，權力必須去獲取、保持（維繫）及執行。領導者在獲取、保持及運用權力時的效能是會受到他個人的、行為的、有關係的及制度的變項影響。

權力的運作在傳統中國哲學裡被視為是高度個人化特質的表現，它反映擁權者的領導特徵。意即眾人根據公認的信任、公平、言行一致、奉獻、認同、公正及能力等方面對於領導者的行為、行動及態度，給予

評價作為基礎，以延伸人們對他的領導的認可。當這些行為特質與個人另外的特異性特徵——魅力或神才，緊密結合在一起，並具體化的展現時，決定了追隨者對他的忠心及順從程度。在某程度上，權力也仰賴其他重要的個人資源來干預他人的行動，或甚至給予危險的威脅。在中國的文獻中，描述這些為督察或修正他人行為的能力，而這些常對他人造成傷害、損失或剝奪。更進一步，類同 Etzioni 對影響力的處理一般，中國人看待權力的運作並不只單純的停留在對外顯行為的修改而已，它還尋求去改造個體的認知本質，或甚至重組個體的態度來達成期望的行為，這就帶來了權力所扮演的三種其他要素：即動機能力、滲透能力及誘發能力。

關係變項對權力運作的影響，作用於統合領導者與其追隨者人際關係網間契合的程度、信任的層次及相互性的強度上。擴散的及模糊的相互義務感、與藉著高度對個人的信任來支撐，是典型的中國領導型態。在權力的分析裡，以 Etzioni 的概念來說，當人們的偏好轉向尋求與領導者的目標相和諧時，是有助於下屬人員的自願順從的。意即，它似乎擴大及強化了權力接收者的接受範圍。

依據中國人的想法，在應用權力與權威概念時，並無普遍性的型態或模式。選擇有關的權力策略，通常是取決於時間及空間環境的不同而有所差異。儘管某種工作組織的結構特徵，為了促進權力、權威及影響力的運作，而使其制度化於一穩定基礎上。例如經由一定義清楚的階層來界定個體在組織的地位與角色，規定一套有效及公平的獎懲系統，及各種不同層次的適當溝通與交換訊息管道。這些制度化安排的詳細情形，及對組織權力與控制的涵義，將會在接續的幾章討論。

第七章　控制、委派與協調

第一節　緒　　論

控制、委派與協調這三個概念是相互關聯的，它們都環繞著領導者這個共同的軸心。在工作組織中，典型的概念化控制是以「控制幅度」（span of control）來表示的，以數量而言，就是所督導成員最合宜的人數。委派，則是另一個組織的次歷程，亦指督導者將某些自己所屬的責任或權威，分派或傳遞給其他的人。相反地，協調則是一種側生的向度，是認知到工作企業的部門、團體與個人之間，有一種無法避免的（功能上的）相依關係，因而有的調整其間關聯與對話的實務及需求。

第二節　控制幅度與組織的控制

控制幅度的概念來自漢瑞費渥爾（Henri Fayol）的古典組織理論：「無論階級高低，一個人只能直接命令極少數的部屬，通常是少於六名，除非他所處理的是一個相當簡單的操作，那麼就可以直接命令二十到三十個人」❶。這個概念後來被葛芮庫納斯和葛利克（Graicunas and

---

❶　Henri Fayol, *General and Industrial Management*, translated by Constance Storrs from the original 1916 paper entitled Administration

Urwick) 作了數學性的探討：

「假如成員增加，領導者也許只知覺到等差級數的增加量。但事實上，在每四名成員中增加一名成員，領導者就要增加百分之二十的委派責任」❷。因此，

$$C = N (2^n/2 + N - 1)$$

（C表示所有可能的接觸；N表示直接受管理人員所督導的成員數目）

根據上述公式，當成員數超過五名時，關係C的數目會急遽地上升——也就是說，當N增加至六時，C值會由100增加至222；當N趨近於10時，C值可達5210。接觸的強度是依據級數速度累進的，故此就增加了有效督導的困難性。

所以，對這些早期的組織理論寫作者而言，控制的概念是組織管理當中的一個重要層面，費渥爾曾為此定出五個關鍵性要素：

I. 預算與計畫（例如，檢驗未來並擬定行動方案）；

II. 組織（例如，對所負責的物料及人員建立結構）；

III. 命令（例如，維繫人事間的活動）；

IV. 控制（例如，監視事件是否依循已建立之規則及已發佈之命令而進行）。

在這樣的關係中，「控制」這個元素是用以檢查並確保其他四個元素的正常運行。它是由一個賞罰系統所維繫，以規劃組織活動的有效運作，因此控制幅度的概念就成為該組織之命令的制度性表達方式。如此，它亦成為組織結構的重要決定因素。幅度並非一成不變地與階層呈

Industrielle et Generale, London: Pitman, 1949.

❷ L.F. Urwick, "V.A. Graicunas and the Span of Control", *Academic of Management Journal*, vol. 17, 1974, pp. 349-354.

常數性比率，相反地，它隨著行業而有所不同。例如，戴維斯就提出控制的「行政」(executive) 幅度與「操作」(operative) 幅度有所不同。前者是屬於組織中的中上階層，其範圍在三人到九人之間，視克貝（Curbey) 所謂的成長率及工作性質等狀況而定。比較起來，操作幅度——適用於工作組織中的下階層——或許可以有高達三十名的從員。另外一種控制幅度稱為政策性 (policy) 幅度，它適用於從員並不受嚴格督導，而只是主觀地受控於一般性政策的情況之下。這種幅度的範圍則從六到十五人不等❸。

因此，「控制幅度」的概念其實是頗多爭議的。大體而言，其遭議之處在於，此概念在形成之初其定義就是地域性的：

「控制幅度一般認為是一位管理人員行使其階層權威限度的測量。這種說法也許適用於某些研究主題，但却不適用於另外的某些研究。大多數研究都是想研定出一位管理人員宜於督導若干位從員……」❹

因此，除了表示所督導的從員數目之外，控制幅度也可以有其他的涵義：它可以指督導所執掌的權威或責任的幅度；可以指某一個工作團體、部門、單位等所需督導時間的量。

儘管有這些定義及測量上的問題，在使用「控制幅度」的概念於工作 (work/task) 控制的組織結構以及管理的研究上時，仍然有著相當的一致性。太廣闊的控制幅度可能會導致督導與成員溝通上的問題——它會稀釋了前者用來和每一位成員溝通的平均時間。另一方面，太狹窄

❸ R.C. Davis, *Fundamentals of Top Management*, Harper, 1951; also K. Davis, *Human Relatives at work*, McGraw-Hill, 1962.

❹ W .C. Ouchi and J. B. Dowling, "Defining the Span of Control", *Administrative Science Quarterly*, vol. 19, 1974, pp. 357-358.

的控制幅度會引起限制組織朝向擁有更多參與階層的高層次發展的結構性問題。因此，「極高狹性的結構意味著同一件工作要經過太多人的人，例如傳統的多重草擬與檢核的行政事務，它亦限制了個別辦事員尋求其職責的範圍。從管理經費的立場而言，這樣的系統是浪費的……從管理控制的立場而言，這也使得個別表現的評估產生了困難」❺。「狹窄的控制幅度也可能會抑制動機，特別是在一個工作特質上容許判斷及主動的管理或行政結構中，除非所表現的工作內容高度的複雜及（或）創新……這種窄狹性幾乎會產生一個一定的結果，即極緊密的督導，或同一工作一再重覆地通過一位督導的管理人員。這兩種情況都無法吸引熱心而有能力的雇員」❻。

事實上，工作組織中最佳或適宜控制幅度的決定，是因事而異的，它有許多不同的有關因素。渥德華德（Woodward）認為，這些因素主要是和組織的技術特性有關，它們包括：

    I. 人事之間互動的程度；或被督導的人事的單位；

    II. 受督導之活動的相異程度；

    III. 督導單位中新問題的意外事件；

    IV. 活動的物理分佈程度；

    V. 督導者所必須完成的非管理職責的範圍大小，及其他人和單位需要他的時間的多少❼。

約翰柴爾德（John Child）提出了影響督導效能及其強度的人文因

❺ John Child, *Organization: A Guide to Problems and Practice*, London: Harper and Row, 1977, p. 54.

❻ 同上，p. 55.

❼ Joan Woodward, *Industrial Organization: Theory and Practice,* Oxford: Oxford University Press, 1965.

素（Human Factors）以補充上述檢列表之不足，如此所形成的控制幅度更加地合宜（competence）。其中一個很明顯的因素是從員及其督導者的能力、條件、和技能。「從員的條件愈佳，就愈不需要被緊密地督導，他們所做的工作也愈少被回顧檢討。因此當管理者和成員的能力提高時 —— 也許是透過一段時間的經驗和訓練——， 控制幅度就可以擴展，並且減少管理的階層」❽。另外的因素是工作單位內的個別成員之間，其社會性及功能性上整合的程度。例如，當團體的規模增加時，就會有發展出黨別和派系的趨勢，因此就必須要增加足夠督導強度所應有的階層。因此，工作團體之規模大小與控制幅度間有著必然性的關係，且隨著下列這些行為變素而有所改變：

（ i ） 團體凝聚力與成員一致性；

（ii ） 成員之參與；

（iii） 成員之滿足感；

（iv ） 團體之工作表現；

（ v ） 團體之領導行為❾。

此外，組織之控制亦可以從「控制系統」（control systems）的整合性角度來分析，此即由渥德華德所領導倡議的組織研究之技術學派。這個學派認為，任何管理控制的系統， 都包含有四個要素， 即客觀環境、計畫、執行，以及控制。當控制意味著是一種工作，這種工作能確保活動產生欲有之結果，檢核結果，回顧回饋訊息，並以之來校正活動時，渥德華德等人就認為：「計畫、環境之標準，以及活動之條件，是

---

❽ Child, 同❺, p. 59.

❾ 更完整的探討，見 Alan C. Filley, Robert J. House and Steven Kerr, *Managerial Process and Organizational Behavior*, Glenview, Illinois: Scott, Foresman and Co., 1976, pp. 417-420.

所有控制的先決條件」⑩。因此，他們主張一個公司的控制系統可以分別從社會系統及技術系統來研究。儘管如此，他們（著名的）南艾克塞斯研究 (South Essex Studies) 亦顯示「在技術與控制系統的特性之間有所關聯；另一方面，在控制系統與組織行為之間亦有所關聯」⑪。

南艾克塞斯研究所顯示的一項重要發現是，隨著組織規模及技術複雜性的增加，就愈難運用直接的階層控制。為了解決這個控制複雜性的問題，管理就傾向於在組織中建立控制的非個人化歷程，以期影響並規劃從員的工作行為。這些控制歷程必須設計得能夠公正無私並且自動自發地運作，「也許是管理性的，包括諸如生產計畫、測量機制，以及成本控制系統等複雜程序；或是機器方面的，例如儀器的自動控制，或維持生產線的持續運轉」⑫。也就是說，公司可以在一個完全個人階層控制，及完全機器控制兩個極端之間的連續向度上，有各個不同的差異，而管理性的，非個人化的控制系統則介於兩極之間。另一個分類控制系統的向度與整合 (integration) 或分化 (fragmentation) 的程度有關——其一端為單一整合系統，另一端則為多系統分化的控制⑬。

以這兩個向度——控制歷程的特性及整合的程度——來描述控制系統，渥德華德等人發展出一種分類方式，將工業組織劃分為下述的四種

---

⑩ Tom Kynaston Reeves and Joan Woodward, "The Study of Managerial Control", in Woodward (ed.), *Industrial Organization: Behaviour and Control*, Oxford: Oxford University Press, 1970, p. 38.

⑪ 同上，p. 39.

⑫ 同上，p. 45.

⑬ 多重系統控制 (multi-system control) 意指組織內有數種控制效標，而成員要在一個相同時間嘗試去滿足這些效標。此種方式很注重協調，若無法協調，則連繫計畫系統與執行系統的表現與適應機制便會故障。在此情況下，產量可以和系統中的計畫與控制功能完全分離，而與訊息機制、表現、及適應有關。同上，p. 51.

類別❹：

A1： 具有單一性及以個人控制爲主的公司；

A2： 具有單一性及以非個人化管理或機器控制爲主的公司；

B1： 具有分化性及以個人控制爲主的公司；

B2： 具有分化性及以非個人化管理或機器控制爲主的公司。

A1 控制系統或許可以企業家式的組織爲例，這種組織其「單一性」唯一系統的控制歷程，是由企業家本人所掌握的。指導與控制的權威，直接由命令線 (line of command) 來分派。 繼之而來的組織的成長及專門化，會使這種單一的控制機制趨於分化，所以公司就朝向 B1 控制類別轉移。隨著生產技術與運作研究技術的引進，問題將變得更加複雜——致使管理法則與管理程序亦不斷增殖。因此可能就會呈現出 B2 的情況，控制系統爲分化性且是非個人化（卽機器的）的。但是，接下來組織又有朝向「整合資料處理歷程，或使用電腦來計畫與控制整個生產過程」的趨勢，這也許會造成控制系統部分地再循環，而形成單一系統但具有非個人化特性的結果。

第三節 委 派

組織權威的「峯谷」(top down) 理論及控制的機械化趨向，認爲欲使從員能夠做有效的判斷，就一定要先擬定正式的法則及程序、工作的要件與標準等， 這引發了另一個附隨而來的問題， 就是「委派」(delegation)——特別是對那些較大規模的組織而言。委派是組織去中心化 (decentralisation) 在結構上的必然結果，也就是把正式權力從較高的督導階層轉移到較低的從員階層。 因此， 委派的定義和「中心化」(centralization) 可能是截然相反的，在中心化制度之下， 決策權是相

---

❹ 同上，pp. 52-53.

當地集中於工作階層中的較高階層。相反地，「委派」的概念是在描述一種「將特殊決策權交付與組織中較低階層之單位與人」的狀態❺。事實上，「中心化」與「委派」也許可以視爲組織控制策略的兩種幾乎完全相反的傾向。在一個人類組織的設計上，應該在兩種傾向之間作何取捨，取決於許多的因素。以下是卡爾李瑟 (Carlisle) 所提出的一個列表，舉出在工作組織中，決定權力委派範圍的結構性與行爲性變素❻：

 1.組織的基本目標與目的；

 2.高層管理人員的知識及經驗；

 3.從員的技能、知識與態度；

 4.組織的規模大小；

 5.組織在地理上的分佈；

 6.所表現之工作的專業內容或技術；

 7.作決策的時間體制 (time frame)；

 8.決定的顯著性；

 9.從員接納所做之決定，及受其激勵之程度；

 10.組織之計畫與控制系統的現況；

 11.組織之資訊系統的現況；

 12.組織之運作與工作所需的服從及協調程度；

 13.外在環境因素諸如政府、貿易工會等的現況。

 顯然地，這些因素有助於闡明在結構組織權力時，委派或中心化的原理基礎。例如，組織的規模擴展，經常會造成高階層委派權力，因爲在這種情況下，若採用中心化的控制方式，可能會使得一般的高峯管理

❺ Child, 同註❺, p. 120.

❻ 對這些因素的個別探討，見 Howard M. Carlisle, "A Contingency Approach to Decentralization", *Advanced Management Journal*, July 1974.

「超過負荷」(overload)。 此外，大型運作系統的複雜性，也會使決策量超過負荷，委派可以減輕這種壓力，使得高級管理者有較多時間去從事政策的審議。 而且， 起用日日對事務性工作有所接觸的次級管理人員， 來從例常性的決策，也許更為有效以及勝任。連帶地，委派也可以視為是一種管理發展上力量的增加，因為它使得被委以權力的從屬，得以練習自己的判斷力，以及應付各種不確定性的能力，這些能力也許是日後他擔當更大責任時所必須具備的。委派也經常和激勵效果放在一起談論。「決策以及介入公司事務的機會，足使個人感到滿足和願意投入」——雇員都渴望能有自由，能下判斷，以及能控制自己的工作。將決策權力下放到較低階層中，就可以達到使這些從員提高其工作參與之內在興趣的目的。

此外，委派一般還有另一項益處，即可使工作組織的結構性功能具有彈性。因此它使得決策並非一成不變地操於固定階層手中。同時，藉著在組織階層內建立相當獨立的次單位——賦予低階級管理人員有裁決權，委派使得責任更加地明確，運作於這些單位內的控制系統可以提供更充分的回饋給較高層之管理， 從而促進了有效的控制以及表現 的 測量。此外，（權力）轉移策略可以創造半自動的單位，因為這種管理方式使得運作的獨立程度相對地提高。或許，這種內部的分隔也可以鼓勵部門之間在工作表現上的競爭。這種事實上由大型企業進入小型公司之聯盟的轉移，「也許使得組織回復了某些自由競爭市場的特質，這種特質是曾經因供過於求而被削弱的。」

當然，這種朝向去中心化或其他方向轉移的趨勢，不只是決定於組織的規模大小，同時還要視許多其他的因素而定，這些因素包括決策運作的地理性分佈，所採用的技術，以及環境的型態。組織的運作位置愈分散，愈難運用集中管理的控制方式——所以最低限度的委派幾乎是絕

對必要的，這樣才能減輕在溝通細節及交由總部決定時所花費的成本。管理上的變異，也許是由於生產系統在技術上的特質。因此，一個在相當穩定情況下生產的組織，傾向於使用較爲中心化的控制系統。企業的訊息處理歷程若是具有相當規律化的特性，那麼卽使由高階層來決策也不致有太多的耽延。相反地，組織若是使用一種較有彈性，較少整合的技術時，在這種變遷的情況之下，其權力結構就會傾向於更爲去中心化。

事實上，一個中心化且整合的決策結構，也許適用於高級管理人員在作大部分決定時，須對組織有較廣闊視野的情況，特別是當部門與部門之間的旨趣互相分歧，甚至也許在整個的組織目標上有所衝突的時候。若在其他情況均相等的情況之下，中心化可以使管理較爲經濟——因爲它可以免除組織中同時運作但又相互獨立的各部門間，在活動及資源上的重覆，所以就不會有所浪費。而且，在組織面臨危機的時候，組織中心化可以使權力集中於中樞位置，有強而有力的領導，可以迅速決策，以應付無法預期的危機。

第四節　協　調

協調是組織中不可或缺的，它可以視爲委派的必然結果。簡而言之，協調可以說是在一個有許多彼此關聯之功能的組織中的貫通管理。組織中有許多分立、分化、以及競爭，從而產生了專門化、勞工分區、部門化、以及權力委派等現象，基本上，協調是基於組織必須整合的概念。分區的勞工在分段式的生產過程中扮演着不同的角色，因此必須要加以協調。爲了追求效率而將工作專門化，使得分工更細，但同時也使得各種工作之間更加地互相依賴。協調對功能性的分化而言更加重要，因爲它可以整合生產及組織的歷程，使其仍維繫而爲一整體。

當在架構組織的活動以及事先擬定成員對這些活動的參與程度時，

就有了在強度及法規上相異的各個部門，它們之間一定有互相依賴的關係，而協調就是在這種情況之下的一種組織整合的功能。肯特華勒（Kent Waller）在討論小型委員會及團體在有協調影響下的決策形式時，認為協調基本上可以視為是一種相互依賴的管理。在不確定的環境中，沒有掌握足夠的事先擬定好的法則及程序，管理者的一種合理策略就是委派權力給其部屬，但一定要以協調性的評量來加以控制──例如透過計畫的發展，使部屬能夠確定他們所要達成的目標。另一方面，當環境的變遷極為迅速，而結果無法以明文規定的法則及計畫來加以檢核時，協調可以作為上情下達的管道，並且可以在決策以前多方地收集資料。總之，選擇協調技術的原則，並非只有一種方法，正如高立克（Gulick）所說的：

「……部門之間的協調也還有其他的方式，方式之多可以說有如組織一般地繁複。它們包括計畫佈告板及委員會、部門之間的委員會、協調者、以及公司所安排的行政區會議等等……這各種型態的協調都極為重要，它大量減少了嚴格階層結構的僵化以及公文往還，又大量增加了管理上的諮詢歷程」❼。

事實上，像這樣的看法是古典的組織理論家的特性，他們認為組織同時具有分化與整合兩種需求，因此要有委派、協調、以及控制等種種策略。因此，慕廼與芮利（Mooney & Reilly）將協調活動定義為「團體

❼　Gulick 在其對後者方法的評估中又加附款道「只有在處理異常情況，或在策劃時涉及政策性問題的情況下，才適用此法。在例常工作中，組織本身可以正常運作，無須使用這些策略，因為這些策略進行緩慢、無章法、而又耗費時間，為常態管理所不取。」見 Luther Gulick, "Notes on the Theory of Organization", in Luther Gulick and Lyndall Urwick (eds.), *Papers on the Science of Administration*, Clifton, N.J.: A.M. Kelly, 1972.

力量的次序安排，以期使整體能在追求共同目標上能有一致的行動」⑱。在這樣一種取向下所強調的整合邏輯，就是一種明確的命令鍊及其一體性（所以每個人都有所受命，且要對一位督導者負責）。所以，藉着法則、程序、以及政令，或是透過督導，組織階層在水平方面的協調十分地穩固。例如，史坦格納對組織高層的研究就指出：首腦行政的權力是解決部門間衝突，協調跨越權限之活動，及調整區域之不一致的最有效平衡器，而上述的這些情況都是由於功能專門化所引起的⑲。

　　無論如何，這種論點成為後來對組織協調之方法的焦點，特別是在人類關係（human relationship）及新人類關係學派之下的管理。這情況以湯普生（Thompson）所提出之模式最廣為人知，他認為組織的設計在策略上應以因應不確定性，也就是環境，為其前提。就技術上而言，互相依賴的基本需求，導致組織必需去協調其輸入與輸出的活動，才能達成經濟上（或至少是功能上）的效益。組織所要處理的相互依賴關係有三種型態：聯合性（pooled）、依序性（sequential）、以及互惠性（reciprocal）。當各區部相當地自給自足而獨立時，就是一種相當分化且去中心化的組織，這時就是有聯合性的相互依賴關係。依序性相互依賴關係下，各單位間的關聯程度較大，因為一個單位的輸出，就是下一個運作單位的輸入。而當不同單位的輸出成為每一個其他單位的輸入時，就相互連結成一個互惠的網絡，這種情況下各單位間的相互依賴關

⑱ James Mooney and Allen Reilly, *Onward Industry,* New York: Harper and Row, 1931.

⑲ Ross Stagner, "Corporate Decision Making: An Empirical Study", *Journal of Applied Psychology,* vol. 53, 1969, pp. 1-13; also Stagner, "Conflict in the Executive Suite", in Warren Bennis (ed.), *American Bureaucracy,* Chicago: Aldine, 1970, pp. 85-95.

係是最強的❷。這種相互依賴關係的概念，支撐工作組織的結構狀況，以發展出各種協調的策略。這和古典理論的看法是有所不同的，古典理論認為組織有許多內部衝突，因此要透過協調手段來加以調整，如此方能維繫組織內各單位間的相互關係。

　　勞倫斯和勞斯克（Lawrence & Lorsch）所提出的協調之說，大部分都類似於較後期的理論，但他們突出了組織分化的因素，作為整合（其意義與「協調」幾可同等）的一個重要依據。與古典觀點不同的是，整合視為是「合作狀態的品質（quality）」，它不僅僅是組織設計的機械化應用而已。相反地，人文因素是一個重要的中介變素——人文因素指的是「在不同功能的部門中，成員之間認知與情緒取向的差異」。因為每一個部門的成員都發展出不同的興趣及不同的觀點，「他們經常發現很難在行動方案上取得一致」❷。勞倫斯與勞斯克採用「聯列」（contingency）取向，他們認為組織的環境決定分化的性質和程度，以及整合所扮演的角色。環境的不確定性以及市場的競爭需求，影響組織朝向分化和整合的傾向——革新與環境的不確定性愈大，目標、時間、人際取向，以及組織結構的分化也愈大。當組織中的各部門在時間幅度，目標與價值上高度分化時，就愈發現須使用特殊的「整合者」（integrator）單位，其功能就在於部門間衝突的管理與解決。

第五節　中國式控制、委派與協調

　　若不與中國對工作及組織的哲學相比較，我們會以為西方文獻中的

---

❷ James Thompson, *Organizations in Action*, New York: McGraw-Hill, 1967.

❷ P. Lawrence and J. Lorsch, *Organization and Environment*, Division of Research, Graduate School of Business Administration, Harvard University, 1967.

控制、委派與協調的概念是絕對的。然而，中國管理風格的廣泛性，使得這些元素是體現於一般性的，但又十分重要的「指導與指示」治道（Zhi-Dao）的概念中，這是一個重要的中國的領導名言。在這情形之下，領導者是提供指導、定出方向與目標，並且推引其從員不偏其徑地朝向完全目標的方向前進的重要人物。中國人並不很明顯地強調控制的重要性，推動與指導才是中國領導以及權威運用方式的主要特質。

為使工作更加有效率而給予指導，其效果有賴於成員對領導者影響力的接納。正如在前面第六章所說的，領導者運用其影響力的能力，與其是否擁有某些人格特質有關，這些人格特質包括知識、能力、經驗、謹慎、願意承擔責任，以及更重要的是能令人信任。在傳統的儒家思想中，有效控制的關鍵，並不在於制定一套供全體遵守的準則，然後勒令照章而行。儒家哲學認為以法令和規條來作為控制手段的這種方式，是一種有如公共管理原則的衙門主義（legalism），十分地違反信任的原則。「第一，……在人類社會中本來就存有尊貴與卑賤的分別，維繫這種分別十分地重要，否則社會將會趨於混亂，而一致通用的法律則會破壞這種分別。第二，法律無法涵蓋所有可能發生的情況，最好是有人（好官員）根據每一案例之實情來判斷，當以慣例性常模作為指導原則，而機械性地使用非個人化的法律時，並沒有考慮每一個案子個別的情況。第三，這也是最重要的一點，法律乃是藉恐懼與懲罰來控制人，它無法改變人的態度或習性……那也就是說，人們的所作所為將會環繞着法律條文所允許的範圍，但却並未真正服膺其精神所在」❷。

組織中的行為也存在着相同的情況，支持成員去接受法規和常模控制的也類似於法律。因此，福克斯（Fox）將違法或犯紀者分為兩種類

❷ Donald J. Munro, *The Concept of Man in Early China,* Stanford, California: Stanford University Press, 1969, p. 111.

型：「脫軌者」(aberrant) 與「不服從者」(nonconformer)。「脫軌者瞭解他所違犯的常模法律，但不服從者却不知道——事實上他根本就拒絕這些法律。這種分別最重要的結果，就在於二者對於處罰的反應有顯著的不同。……脫軌者也許會接受處罰，因爲他知道怎麼做才是對的。相反地，不服從者因爲拒絕常模，所以被處罰時也難以心悅誠服，而覺得對其是一種精神上的侮辱」❷。

因此，違犯法紀的脫軌者可以視爲是在領導者手下經過一段滲透性的教育歷程。對中國人來說，壓制不服從者的行爲只是一種外在的機械化的控制，它常常不是一種有效的統御方法。一般而言，有效的指導端賴管理者與雇員之間，領導者與從員之間，執法者與平民之間的雙方關係。事實上，儒家哲學就是呈現許多有效的領導模式，以供領導者來仿效的，它具有教化符合常模標準之順從行爲，以達控制之目的的功能。因此，孔子曰：

「道之以政，齊之以刑，民免而無恥；

道之以德，齊之以禮，有恥且格。」❷

這種非特化的常模性控制經常配合着社會化的歷程——亦卽，督導者感化其成員去「倣效」(hsing & shuai) 其良好品性的內在力量。根據這些傳統的中國式假設，像這樣一個培育的歷程會產生兩種結果：第一，從員會追求模倣領導者的品德；第二，他們的忠誠與心意都是針對領導者本人。所以，「德」(te) 與「仁」(jen) 就成爲領導者對於其成員之影響的重要本質：「德經常表示一種示之於人的具體模範，可誘導

---

❷ Alan Fox, "Industrial Relations: A Social Critique of Pluralist Ideology", in John Child (ed.), *Man and Organization*, London: George Allen Unwin, 1973, pp. 188-189.

❷ *Analects* ii. 3 in Legge, I, p. 146.

使人成為好人」。這種誘導，最初是政府中天子治民的一種模式，藉賞賜、施恩、體恤下情等表現出來。然而這似乎亦可表現於組織背景中的管理控制：

「結果德成為一種控制人的政策手段，它經常伴隨『法律制裁』或『處罰』（刑），而形成政府控制的兩種方式。總而言之，博愛（德）被認為足以使人民知恩圖報而樂於服從。這就是『管理吸引力』（magnetic attraction）的來源」❷。

因此，在中國的企業組織中，上司─部屬關係的階層是極為個人化且特殊化的。艾格蘭與瑞爾（England & Rear）在七十年代中期，對香港管理實務所做的觀察，到今天仍然十分有價值：

「中國人所獨有的特質『是經濟關係的特殊化，它要發展出一種在個別經濟交易之間多種政策的連繫』。在她對一個小型公司的研究中，發現公司有一筆勞工福利，是特別為那些『資深』員工預備的，『中國人最特別的一點就是這種多線而非單線的關係』。……同樣地在中國人的公司中，其控制可說有高度中心化的特質，在公事的委派上，若可能的話，都是盡量賦予關係親密者」❷。

所以，在中國企業組織中，控制、委派與協調，都是在一個相當個人化的背景下運作的。這是督導者對成員之關係採取「特殊主義」（particuarism）的必然結果，而使得權力的委派要根據「信任」（trust）的程度。委派的程度和範圍基本上是隨着情境而異，而更重要地，是要根據督導者個人對從員能力的瞭解與信任。「它是一種『個人盟誓與忠誠的

---

❷ Munro, 同❷, p. 104.

❷ Joe England and John Rear, *Chinese Labour Under British Rule*, Hong Kong: Oxford University Press, 1975, pp. 50-51.

承諾』，完全是基於雙方對彼此一致的信任」❷。在工作場所實際的委派與協調上，法律條文的效果並不明顯。相反地，在相當缺乏特殊化的情況之下，責任與義務呈現一種擴散的情形，而「當人們在交換契約時，是基於他們對他人信任程度之判斷」——亦即，人之投入乃是一種精神上的運作❷。

事實上，組織控制的「特殊主義」並不只限於在中國文化中，在探討日本管理組織模式時，也可以發現類似的情形。在日本文化下，「個人功能與責任的明確定義似乎是不必要的，因爲他們認爲那會干擾了不同團體之間和諧合作的關係」❷。這簡言之就是「擴散高度信任關係」的情況——在階層上有着不同形式的特殊化——很明顯地，人際關係仍然以責任義務爲其導向，即使在大型的世界性組織中亦然❸。工作、功能與權力的委派，亦從「特殊化」出發：與西方系統截然不同的是，組織的角色是功能上的擴散，且「只以一般性及具有彈性的字眼來定義，以備在環境改變時易於修改」❸。在責任與義務的分配上，也是相當地不正式，並沒有特定的契約或程序上的安排，因恐這些會減損部門間親善的關係。在這樣一種「擴散性」（diffused）的系統下，職位在策略上是建基於個人的（或特殊的）地位效標，而非基於成就地位效標，諸如年齡、年資，以及與雇員所建立的個人關係。當然，這種「特殊化」的結果會產生形式化及不公平的現象，但是，高度的信任却是一種「有用

❷ Alan Fox, *Beyond Contract: Work, Power and Trust Relations*, London: Faber and Faber, 1974, p. 156.

❷ 同上，p. 157.

❷ M.Y. Yoshino, *Japan's Managerial System: Tradition and Innovation*, Cambridge, Mass.: M.I.T. Press, 1971, pp. 204.

❸ Fox, 同❷, p. 17a.

❸ 同上，p. 172.

的策略……，足以創造一個穩定而又可以改變的工業勞動力」。在工作組織中委派與整合的關係並不是一種契約性的關係，而是「一種非制約性的，須雇主與雇員間有完全的互相委任」❸。

與西方組織中專門化的邏輯完全相反，「在團體中的地位，是進入團體之時其社會地位的延伸與擴大；……公司的正式組織是由一廣大範圍及許多正式職位所構成……，而……公司會滲透進工作者的生活活動中，而公司對工作者的責任也會擴大」❸。

第六節　結　　論

儘管西方組織文獻中對「權力轉移」及從員參與的看法，愈來愈採取「人類關係」理論下的「控制、委派與協調」之說，然而它却被批評為戴着自由的假面具，而實際上西式組織關係「契約」的特質，却是「低信任」以及「低自由判斷」的。「最好是享有兩種世界的最優之處——一方面，是工作管理極度理性化與科學化的優點；另一方面，是員工因為意義感及盟諾而自感有責任為共同的目標而努力」❸。從道德角度來看，這樣一種明顯的人道主義哲學，也隱含了一種管理控制方式的信念。因此，組織功能的委派與協調，不能脫離整體的整合控制觀點；所以為了使管理能造成團體的忠貞，就要使用支持性，非權威性督導風格的方法。「成員的社會滿足感愈大，就愈會對管理上所訂立的組織目標同心

❸ T. Kawashina, "Dispute Resolution in Japan", in V. Aubert (ed.), *Sociology of Law: Selected Readings*, Harmmdsworth: Penguin, 1964, pp. 185-188.

❸ H. Rosovsky, *Capital Formation in Japan 1868-1964*, New York: The Free Press, 1961, pp. 102-104.

❸ Fox, 同❷, p. 238.

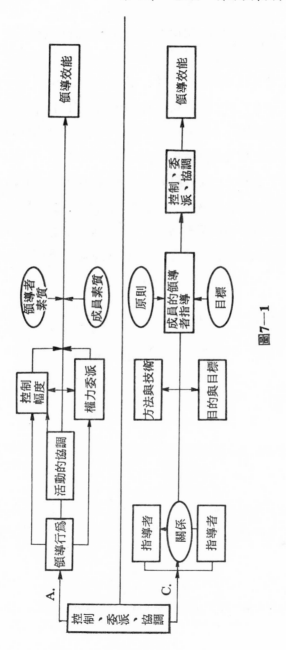

圖7—1

同德」❸。正如密爾斯（Mills）在「人類關係」（human relations）教導上所說的：

　　「正式目標可以作為一種心理上的工具，它使人內化管理階層所傳達的命令，而不考慮自身的動機，甚至以目標為其動機。在人內部有許多趨力，人們對此也不自覺……對權威的承諾會轉移到工作本身，此時權力是隱藏式的。」❸

　　相反地，在東方的工作組織中（例如中國和日本），在社會關係之下涉入的擴散以及「特殊化」的信任，使得工作的分配與委派呈現擴散的狀態，因而也許消減了組織中「督導、監察、檢核、糾查，以及其他預定政策等」正式機製的運行，而使得獎酬之分配不夠正式。

---

❸　同上，p. 240.

❸　C.W. Mills, *White Collar*, New York: Oxford University Press, 1965, p. 110.

第八章 組織中之決策

第一節 緒 論

(一) 決策之概念：

根據西蒙 (Simon) 所稱，決策為現代組織中管理之要素。決策歷程可加以分析成為三個連續的階段，包括（ⅰ）智能活動 (intelligence activity)──確定須作決定的問題範圍；（ⅱ）設計活動 (design activity)──創造，發展，及分析可能的行動方式；（ⅲ）選擇活動 (choice activity)──從眾多可行方法中選擇其中一個。每一階段本身構成決策的一個複雜歷程，所以任何階段所產生的問題也造成在完成智能、設計、與選擇上，一連串較低層面的次級問題❶。或許我們也可以說「決策」的概念是（ⅰ）發現目標的一個尋找過程；（ⅱ）尋找過後具體目標的成形；（ⅲ）對達成目標各種可能方式所做的選擇──暫時不論評估，反省、及校正等回饋性次歷程❷。

---

❶ See Herbert A. Simon, *Administrative Behaviour*, New York: Macmillan, 2nd edition, 1960; also J. G. March and H. A. Simon, *Organizations*, New York: Wiley, 1958.

❷ 見，例如 Stephen H. Archer, "The Structure of Management Decision Theory", *Academy of Management Journal*, December 1964, pp.

決策可能發生在不同的背景之下， 以及不同層次的工作階層 之 中
——例如個人決策，人際之間，部門之間，或組織之間的決策。

對決策者的一般假定是他是一位理性的經濟人：也就是說， 他希望
儘量使決策後的行動後果是划算的。除了客觀地考慮主顧的一般特性之
外，事實上決策者還要在一個主觀判斷的過程下，對許多不同的選擇加
以衡量； 這種主觀判斷不僅反映出他的理解力， 也反映出他個人的喜
好。因此，所做的決定不僅是要追求實用有效， 而更重要的是， 它必
須是在決策發生的情境之下最滿意的一個選擇。 在西蒙的「 管理人」
（administrative）決策的概念中， 決策是必須而且經常有個人抱負、願
望，以及能力之介入的。

　　㈠　**管理的決策理論及其他決策者的形象：**

西蒙的決策論之核心爲「主觀理性」（subjective rationality） 的概
念， 他認爲「抉擇經常都是在考慮眞實情境的一個有限制的、約略的、
簡化的『模式』下運作」， 而這樣的抉擇與個人的價值， 及獨特的知
覺、背景、與思考有關。所謂的理性，只是在決策者自己的參考架構之
下。實際上，管理者個人在決策歷程中是側重「滿足」（satisfice）多於
「合宜」（optimise）的。 這也就是說， 在面臨決策情境時， 決策者會
尋求各種解決方式，以及每種方式所導致後果的訊息—直到某一種方式
符合其主觀上的最低標準爲止。這種尋求通常意味著獲致一個「滿意」
的解決——而不是堅持到最佳答案出現爲止❸。連續的失敗會造成滿足
之最低標準的降低，因此達到可接受之折衷方案的標準亦會降低。相反

269-273; Theo Haimann and William G. Scott, *Management in the
Modern Organization*, Boston, Mass.: Houghton Mifflin Co., 1970,
Chap. 4.

❸ March and Simon, 同❶, p. 141.

地，若易於成功，則在決策者的「心理狀態」或參考架構中，就會提高
最低標準的層次。

決策者會對眞實世界做假定及摘要，以簡化其探索、理解、與抉擇
的認知歷程，因此「認知複雜度」(cognitive complexity) 就會隨著情
境而有所不同：

「……當任何決策正在運作時決策者可使用之訊息量……他整
合大量因素的能力，及容許更有效程序模式之改變的開放程度……
在訊息處理及訊息尋求的研究領域中，數位研究者均從可靠的實驗
證據中發現，當團體成員具有愈複雜之認知系統時，他們愈會尋求
複雜的訊息來源，以及花較多的時間來處理這些訊息。」❹

腓力等人 (Filley et al.) 認爲，當問題之複雜性愈增時，則愈擴大
主觀理性與客觀理性之間的距離。此外，決策常常是根據決策者個人的
參考架構、諸如其人格特質、期待、風險喜好的程度、知覺與動機等❺。

因爲尋求額外的訊息必須要花費成本，所以個人在達到一個滿意而
非最佳的解決方式時，就會止步不前。決策者「選擇了第一個可接受的
選擇方式時可能會這麼想：『也許還有更好的方法，但再加上額外尋求
的成本就不一定划算了。』❻當然，這並不完全排除在「確定的情況」

❹ S. Kerr, R. Klimoski, J. Tolliver and M. Von Glinow, "Human
Information Processing and Problem Solving", in J. L. Livingstone
(ed.), *Managerial Accounting: The Behaviorial Foundations,* Grid
Publishing Co. 1975, pp. 183-184.

❺ Alan C. Filley, Robert J. House and Steven Kerr, *Managerial Process
and Organizational Behavior*, Glenview, Illinois: Scott, Foresman and
Cambey, 1976, p. 119.

❻ 同上，p. 120. 亦見於 C. Perrow, *Complex Organizations: A Critical
Essay*, Glenview, Illinois: Scott, Foresman and Co., 1972, p. 149.

(conditions of certainty) 下仍會尋求最佳的選擇。理論上而言，在冒險 (risk) 的情況下，任何一個案例的結果都無法預先知道，但却可以知道其所有可能的結果及發生的機率，最佳選擇仍有可能被取決。相反地，在不確定 (uncertainty) 的情況下，有哪些可能的結果及其發生的機率都是未知的， 因此較可能去選擇一個「滿意的」解決方法。 因此，湯普生 (Thompson) 根據決策者對因果關係的信念，及對可能結果的喜好，將所有決定做了一番分類：

「如果在原因和結果喜好上都有確定性，則為一種計量策略的決策。雖然在資料極多或公式極繁複的情況之下，似乎不須要什麼決策，解決方法亦不明顯。……當結果喜好很清楚而因果關係不確定時，則為一種判斷策略的決策。 若情況相反， 因果關係是確定的，但結果喜好却不確定時，則稱之為折衷策略的決策。最後， 若在兩種向度上都不確定的情況下，而又真得做決定時，就稱之為靈感策略的決策。」❼

決策不僅是主觀上受到所知覺之不確定性的限制，它也受個人先前在類似情境下成功與失敗經驗的影響。因此，在達到一個最低標準滿意結果決策下連續的失敗，將造成不斷地降低標準，直到一個可接受的折衷方案出現為止；相反地，在連續成功的情況下亦然。判斷的認知歷程也許是由於在檢驗情境時個人抱負的反應：

「……個人在成功之後提高其抱負水準，多過在失敗後降低其抱負水準的程度。因此，成功過後的抱負水準平均數會高於失敗後抱負水準平均數；而最近表現水準與未來抱負水準之間的差距……

---

❼ J. D. Thompson, *Organizations in Action*, McGraw-Hill, 1967, pp. 134-135.

在失敗後也比在成功後來得差距較大。」❽

　　這些決策之「管理」模式的假定，仍是頗有疑議的。蘇爾堡等人 (Soelberg et al.) 研究商校畢業生，發現他們畢業後在擇業時所做的決定，並不完全是「滿意」的，也不一定是「理性」的。學生傾向於選擇一個「理想的」（ideal）職業，即使在各種效標的比較下還有許多其他的選擇。雖然在「滿意的」選擇已出現且被接納的情況下，尋求仍持續著。「而當他們最後真的尋求到一個新的選擇，在他們的『活動記錄冊』中通常就不止單一一個可接納的選擇。」在清楚瞭解其選擇之前，這些學生通常會花二到三個月的時間來「確定」其決定，他會將所有的選擇就各種效標彼此地加以比較❾。

　　也許在決策計算公式的概念化上，並沒有一個一定的取定—有尋求成本利益間最佳狀況的理性化歷程；有在管理上及認知上可接受的「滿意者」；亦有開始時不確定到最後才肯定的試驗性折衷方案。因此，麥肯尼及克殷（Mekenney and Keen）試圖消減這些差異而成為一個單一的向度—在達成決定之前所做之系統考慮的程度與量。因此，有一類「系統性的」（systematic）決策者，他們是「依循著相同的方法來解決問題，因此只要照著這一套方法，就會導致可能的解決方案」。另外有一種「直覺式」（intuitive）的決策者則完全相反，他們的思慮歷程是

---

❽ A. Zander and C. Ulberg, "The Group Level of Aspiration and External Social Pressures", *Organizational Behavior and Human Performance*, 6, 1971, p. 363.

❾ 見 Gary Dessler, *Organization Theory: Integrating Structure and Behavior*, Englewood Cliffs, New Jersey: Prentice-Hall, 1980, pp. 86-87. 這是一個 Soelberg 研究的簡要總結，見 Peter Soelberg, "Unprogrammed Decision-Making", *Papers and Proceedings*, 26th Annual Meeting, The Academy of Management, December 1966, pp. 3-16.

隨興之所至的——他們隨時準備「從一種方法跳到另一種方法，完全不考慮訊息，却很注意一些他們自己也無法準確說得出來的線索。」⑩結構化的取向並不一定優於直覺性風格，例如，在一些須廣泛收集資料，檢驗各種意見的問題上，「必須有一段蘊育時間來消化這些檢驗資料，然後解決自會忽然乍現。」⑪

　　就某種意義上而言，系統性的決定或許可說是類似於「程序型態」（programme-type）的問題或「管理人」的模式；而直覺式的決定則可以說是「非程序型態」的問題或「經濟人」的模式。但是，這種類比只能有部分的眞實性，因爲經濟人與管理人這個兩極向度所描述的是心理歷程，反之「系統性」與「直覺式」這兩種類別却是針對決策的行爲型態。

　　㈢　決定的性質：

　　以上所做的分類，主要是對表現決策行爲的人——也就是決策者的分析與分類。此外，還可以從組織穩定性及改變策略的背景中來探討決策這個題目。因此，正如馬許及西蒙（March and Simon）二人所觀察到的，組織的決定就是組織在尋求啓發或適應環境改變的方法與手段。像這樣一種將決策視爲一種適應性組織歷程的觀點，可依據決策所牽涉到的「改變」強度，將決策約略分爲兩大類：一種是例常性決定；另一種是改革性決定。例常性適應的決策主要是在一個由結構性程序訂好計畫的穩定體制之內。相反地，改革性適應的決策通常是爲了適應新環境的不確定性，以及須要有創造力地解決問題時，但是須知即使是例常性的決策，從相當固定的一些可能方案中所做的抉擇，個人對刺激及有限

---

⑩ James Mckenney and Peter Keen, "How Managers' Minds Work", *Harvard Business Review*, May-June 1974, pp. 74-90.

⑪ 同上。

變異的知覺，仍是一個相當重要的影響因素。相反地，當有非預期性狀況出現，而落入已建立計畫之可計量體制之外時，決策者就必須在形成合宜反應或解決方法上，有創新的意見與適應。

　　事實上，在決策中影響例常性與改革性元素之相對量的，「不確定性」可以說是一個策略性因素。在戴維斯等人（Davies et al.）的組織歷程之技術應用研究中，他們「建議工作（task）最顯要的部分之一，是其所關聯之不確定性程度，它會影響生產之前訂定程序，以及使決策規律化的能力。」❷而不確定性可歸於「缺乏對生產歷程結果，以及對整個生產系統的認識」❸，影響不確定性程度的一個關鍵因素是組織結構本身——包括控制系統，工作結構，文化與理化之取向，正式訊息系統，以及部門間之差異。就結構上而言，它們顯示於下列的一些組織變素：（i）勞工分化，（ii）權力結構，（iii）標準程序訂定，（iv）溝通。

　　「工作分化是組織用以決定個人之工作環境最基本的方法。透過分派給他一個特定的工作，就會引導和限制他注意與這工作有關的問題。而且，就某方面而言，解決這些問題的方法，早已決定於事先定好詳細步驟的標準程度，因此個人本身為解決問題所付出的努力就減低了。

　　權力是瞭解組織決策時的另一個關鍵因素。組織使所作決定上情下達的方法之一，是透過其權力系統。廣泛而重要的政策性決定是取決於組織的最高階層，接著這些決策會傳遞到較低階層，成為較低階層決策者在作更細部更具體之決策時的指導原則。……

---

❷　Celia Davies, Sandra Dawson and Arthus Francis, "Technology and other variables: Some Current Approaches in Organization Theory", in Malcolm Warner (ed.), *The Sociology of the Workplace*, London: George Allen & Unwin, 1973, p. 153.

❸　同上

影響決策者的第四個重要因素是溝通系統。透過溝通管道，所有的指導，訊息，以及決策的實際內容，都可以從中傳達。」⓮

㈣ 決策與分析層次：個人及團體

在工作情境中的決策，可以從兩個不同的觀點來加以分析：個人的或集體的（亦即組織的）分析角度。例如，西蒙（Simon）曾被批評以社會心理學的解釋決策的組織理論，認為決策是一個以個人為中心的歷程。其背後所隱藏的理念是，在個人與組織之間有其相似性，分析焦點只是簡單地假定「若將組織視為一個整體，則個別決策者所掌握的事實，也就是所有決策者所掌握的事實。」⓯批評者却認為「除非我們接受組織僅是決策者之凝聚這個觀念，否則就不能將組織類化為以個人層次之分析概念為基礎的一個整體⓰。從此觀點興起在組織背景中──一個溝通與訊息管理的有機整體概念的較廣濶架構──探討決策的「系統」趨向。

㈤ 決策模式：

決策，可以專屬於權力擁有者，但是，除主權者以外的其他人，也可以有不同程度的參與──特別是對那些在同一個領導或督導情境下的從員或部屬而言。例如，在華儂與葉頓（Vroom & Yetton）所提出來的決策模式中，就是根據容許其他人在決策歷程中參與的程度與範圍，而將決策分為不同的五種策略。正如圖8─1所列舉者，主權者對成員涉入的態度有下列數種：（i）從成員獲取訊息；（ii）諮詢成員之意見；（iii）容許成員有限度地參與決策歷程；（iv）成員有參與的合法權利，

⓮ N.P. Mouzelis, "Organization Theory: Decision-Making in Organization Contexts", in M. Gilbert (ed.), *The Modern Business Enterprise*, Harmondsworth: Penguin, 1972, pp. 295-296.
⓯ 同上，p. 307.
⓰ 同上，p. 309.

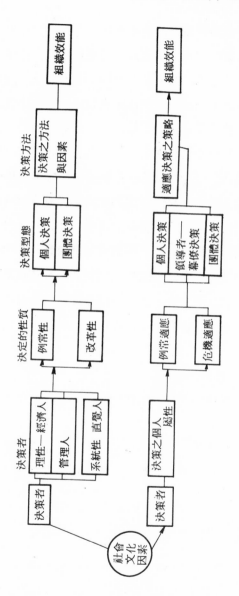

圖8—1　決定、決策者與決策歷程

其同意與否在形成決定時是相當重要的。 換言之， 對於這些策略的選擇，也就表示決策的情況是個人式亦或是集體式，或者是兩者兼備。華儂—葉頓模式的結論是「聯列論」 (contingency)， 認爲團體決策的效能，有賴於幾個因素的結合，這些因素包括工作之性質，人員與組織之環境等。而在這許多種的決策策略之外，本模式實際上是管理模式Y理論 (Theory Y) 流派之擁護者——它容許團體決策，給予成員較大的參與範圍。本模式之理念，基本上是朝向於特定環境中來解決問題這個取向的——也就是說「在決定合適的參與形式或參與量時，選擇所當解決問題的優先次序，是一個很重要的環境向度。」 **⑰** 因此，本模式「定出八種決策法則，目的是爲了引導領導者選擇最合適的決策方法。七種決策型態，八種問題取向，十四種問題類別，以及八種決策法則，構成了整個完整的模式。簡言之，這是一個設計來幫助領導者決定如何去做決定的模式。」 **⑱** 在此趨向之下，亦考慮到組織中決策之效能的三個一般效標， 它們是 (i) 客觀上決定的品質； (ii) 做決定所需要的時間； (iii) 決定被成員接納的程度。

綜觀華儂—葉頓模式，很明顯地可以看出，它主要是列舉在特定的決策情境下，領導者所可以採行的決策策略，而不是「試圖總結領導者實際上所用的決策方式，以及這些行動所可能產生的影響。」 **⑲** 像這樣的一個標準模式，如果要求其效度，在其他情況都相等的情況下，和文

⑰ V. H. Vroom and P. W. Yetton, *Leadership and Decision-making*, University of Pittsburgh Press, 1973, p. 19.

⑱ Alan C. Filley, Robert J. House and Steven Kerr, *Managerial Process and Organizational Behavior*, Glenview, Illinois: Scott, Foresman and Cubey, 1976, p. 247.

⑲ Lyman W. Porter, Edward E. Lawler III and J. Richard Hackman, *Behavior in Organizations*, New York: McGraw-Hill, 1975, p. 426.

化有很高的關聯性。此模式不足之處在於，它描述了不同決策風格之間可選擇的範圍，但却沒有說明一個特殊決定本身到底是如何作出來的。應用這模式是假設決定型態的選擇是可行的，然而這種假設並不常常正確。事實上，在時間與工作的壓力之下，要管理人員使用這麼一個複雜模式來決策，是對其心智能力一種相當不切實際的期待。卽使這種決策方法之理性選擇是可能的，管理人員能否或願否花時間使用此模式，來解決每天所面臨的問題，也是頗成疑問的⑳。

第二節　決策方法之中國觀點

決策型態與策略的華儂—葉頓模式，使學者注意到整體意義這個問題，認爲它是影響決策歷程中整體參與程度的一個關鍵因素。日本式的「品管圈」（quality circle）也許是組織決策中，集體主義精神最明顯的例子。此種文化特質，提高了東西方在工作情境中決策概念前提上的差異。正如大內（Ouchi）所觀察的：

「在日本人的觀念中，集體主義旣不是一種團體或個人的目標，也不是一種口號，而是一種事件運作的特性。因此，沒有一個事之發生是個人的努力所造成的結果。在生活中的每一件重要事件，都是團隊工作或集體努力的結果。」㉑

很明顯地，此種利他觀點，提高日本與其他東方文化如中國，在組織決策歷程上的關聯性。基本上，中國人的想法是認爲，團體行動對達成目標而言十分重要，無論就公私兩方面而言都是如此。然而，正如西林（Silin）從其對臺灣大型企業之決策的研究所發現的，它們的決策

⑳ Filley, House and Kerr, 同⑱, p. 252.

㉑ William G. Ouchi, *Theory Z: How American Business Can Meet The Japanese Challenge*, New York: Avon Books, 1981, p. 42.

「是中心化的，在權力控制之下壓制了彈性。」㉒「臺灣在無能委派權力的情況之下，『例常管理工作』也得由上級決定，這些工作在其他社會中也許早已委派給部屬了。老闆經常要作大量的決定，這是造成臺灣企業危機情境的一個重要因素。」㉓

　　事實上，中國人對決策效能的概念，是與領導者維繫部屬對其信任的領導行為及領導素質有關。中國人認為在工作階層中，決策的能力與權力，一定是領導者所擁有的。因此，很明顯地，當中國人在分析領導者及其品質時，就很強調「決策者」與「決策權」的概念。中國人普遍地認為，領導者與其成員之間最大的不同，就在於他有一些卓越的屬性——不只是技術上的知識與能力，也是一種精神上的標準、判斷，與適應力。中國人也傾向於要求領導者有應付危機的能力：當面臨危險情境時，可以解決衝突，並作出改革性的決策。這種期待亦反映出馬許及西蒙 (March & Simon)，在決定（適應）策略之例常性與改革性兩種型態之間所作的分野。

　　無論如何，在中國企業中的決策，並不常委派給階層中的較低階級。它們並不讓成員參與決策，而是諮詢一羣在經驗，專業技能，以及智能上，都為管理階層所信任的專家。所以，領導者在較高階層的決策是一個相關閉鎖的歷程，但中國的經理或管理人員，都儲備有一羣親信幕僚，供其諮詢或聽取意見，這是一種特殊的中國組織中決策型態之集體取向的成分。

　　彈性與適應性 (Flexibility & adaptability) 是中國企業思想在管理決策上所欲強調的另種屬性。因此，我們常說中國人民一般須遵守的

㉒　Robert H. Silin, *Leadership and Values*, Cambridge, Mass.: East Asian Research Center, Harvard University, 1976, p. 129.

㉓　同上，p. 131.

程序性常模上，喜歡不特定的，心照不宣式的瞭解，而不是預先訂好一些無可轉寰的法則，來規範決策的歷程。例如，在香港的中國企業（甚至包括一些原屬棉紗工業的上海幫大型公司），於其勞工管理常模及實務的範圍內，他們「很顯然地並不喜歡作成有如一個團體的一致性，更有甚者，不願將這些一致性形之於書面。」❷對中國人而言，決策通常是以一般對信任的假定（不特定的）爲其基要定錨點，這種特性可從下列香港傢俱製造業在薪資上之交涉的例子中瞭解：

「在此種小組手工技藝的生產系統中，雇主經常要面臨的困難就是：工人以離職或不完成工作爲手段，來要求雇主加薪。此種行動一般而言不被雇工及雇主雙方所認可，認爲這是不道德且不合宜的，是對雙方信任及雇工基本『遵守約定』義務的一種破壞。事實上，信任（非特定的）的概念可以說是傳統雇工精神精髓的彰顯，也有助於保障勞資交易的公平性。然而，信任作爲一種規範力量的效力，大部分有賴於特殊化（particularistic）或閉鎖式的技術勞力市場，在這市場中的成員（包括雇工與雇主）彼此相互關聯，在個人連繫上有很緊密的網絡。

這種『信任』的指標之一，就是在傢俱製造業的薪水交涉中，僅僅只憑賴口頭的同意。因此，在四種訊息法則中，書面同意顯然被排拒在外，因爲它表示雙方缺乏信任。當然，就其工具性方面而言，我們也可以說正式的契約也許太有限制，所有不形之書面的同意一般而言較受歡迎，它具有較大的彈性，特別是當雇工欲選擇高薪而跳槽別家工廠時，就沒有什麼約束力。」❷

❷ H. A. Turner et al., *The Last Colony: But Whose?* Cambridge: Cambridge University Press, 1981, p. 37.
❷ Ng Sek Hong, "Wage Negotiation Practices in Hong Kong", *Performance*, Vol. no. 1, 1983, pp. 11-12.

第九章 溝通行為

第一節 緒 論

溝通一般被認為是一個個人或團體傳達情感及意見給另一個個人或團體的歷程❶。藉著訊息的傳導或交換，使得個人與個人，個人與團體，個人與活動，團體與團體，團體與活動，以及活動與活動之間，得以有所連繫。溝通的目的通常是為了使訊息在其背景之下被瞭解或接納，以便能作出相應的合宜反應。溝通因此可以說是涵蓋「一個組織中不同的部分與人員之間，材料、訊息、知覺與瞭解的流通」以及「所有的方法、手段、媒介……，所有的管道、工作網、系統……，所有人對人的相互交換。」❷實際上它可以發生在不同的層次（人際之間，組織之內，組織之間）；可以有不同的方向（上行、下行、側向）；可以有說話、書寫、聽、讀等不同的方式❸。廣泛而言，發生在一個組織內的

❶ Eric Moonman, *Communication in the Expanding Organization*, London: Tavistock Publications, 1970, p. 11. 亦見於 Moonman, *The Manager and the Organization*, London: Tavistock Publications, 1961.
❷ George T. Vardaman and Caroll C. Halterman, *Management Control Through Communication*, New York: John Wiley & Sons, 1968, pp. 3-4.
❸ Saul W. Gellerman, *Management By Motivation*, New York: American Management Association, 1968, p. 46.

溝通可以從三方面來加以分析，卽：下行溝通是由在上的管理階層開始
的；上行溝通始於工作者或草根階層；第三種則是不同方向的水平或對
角線溝通。有效的溝通爲組織達成其目標的關鍵，這是有目共睹的。相
互地將意見、訊息，與觀感交換與流通，可以使組織中的人或團體敏銳
地感觸到其他人對他們的期望；反過來說，也可以將他們的期望傳達給
其他人，這是一種互惠的性質。

　　除了互惠性這個元素之外，有效的組織溝通還需要；（i）明定衆所
周知的溝通管道；（ii）對組織內的每一位成員都定出正式的溝通管道；
（iii）溝通線是直接而迅捷的；（iv）作爲溝通中心者必須是足以勝任的；
（v）溝通線不被擾亂，等等❹。相反地，溝通失敗或故障往往會導致組
織內一些不好，甚至是危險的後果，例如，誤解可能帶來公開的衝突；
無法發揮工作力量；無法安全地認可變化或改革；無法贏得工作者的合
作、信任與信心，而一些先傳佈的溝通網絡（亦卽耳語、謠言等）可能
會以與組織目標反其道而行的方向流傳❺。

第二節　溝通之型態

　　在組織背景中的溝通可以根據其功能或運作層次來加以分類。因此，
根據馬許與西蒙（March and Simon）的看法，溝通活動可以以功能取
向劃分爲下列五大類：

　　（i）　爲未計畫之活動的溝通：亦卽那些未與組織或工作上正式目
　　　　　標發生關聯的活動，例如謠傳、耳語、閒談。

---

❹ Chester I. Barnard, *The Functions of The Executive*, Cambridge, Mass.:
Harvard University Press, 1938, pp. 175-181.

❺ 對這些問題進一步討論可見，例如 John Garnett, *The Work Challenge*,
London: The Industrial Society, 1973, pp. 29-31.

（ii）　針對創始或建立計畫的溝通，包括計畫的日常適應或協調。

（iii）　提供策略之應用資料的溝通，使決策者可以策動前一類溝通所發展出來的計畫。

（iv）　用以激勵工作者去執行計畫的溝通，一般就是工作情境中上司與下屬關係的溝通。

（v）　提供活動成果之訊息的溝通，可給予決策者回饋，以檢核及控制未來與目前的活動❻。

這些類別，除了第一類以外，都與管理上的策劃、執行、策動、控制等次歷程有很緊密的關係。另一方面，正如魯斯克與貝特森（Ruesch & Bateson）所言，溝通這個現象也可以從階層的角度，根據溝通者之間社會關係的層次來加以分析。溝通向度的社會矩陣可以從這些主要層次來看：

層次 I——個人內（intrapersonal）——如與認知活動有關的非指導性的晤談；

層次 II——個人間（interpersonal）——例如管理人員與工作者之間；

層次 III——團體與個人——其形式可能是「一對多」或「多對一」；

層次 IV——團體與團體——又可以分為：

a）與空間有關的「多對多」型態 —— 如部門之間的交流。

b）與時間有關的「多對多」型態 —— 如傳統、政策、程序等❼。

---

❻ James G. March and Herbert A. Simon, *Organizations*, New York: John Wiley and Sons, 1958, p. 61.

❼ Jurgen Ruesch and Gregory Bateson, *Communication: The Social Matrix of Psychiatry*, New York: W.W. Norton and Co., 1951, Chap. 2.

第三節　溝通理論

一般而言，每一種情境下的溝通都有三種基本的組成要素，以維繫整個溝通歷程。這三個要素是，第一，欲使接收者理解的訊息資源；第二，轉化訊息的媒介，通常是用符號；第三，散佈內容或訊息的管道❽。因此，這概念中就包括有傳遞者與接收者，從一方至另一方意見或思想的傳遞，而其導向則是促進對於達成組織目標之活動與行為的瞭解，並容許在相同時間內，於一密閉系統中有所回饋與控制❾。

因此，從這個角度來看，溝通是在一個大而儘可能量化的訊息處理與傳遞歷程之內，它與訊息理論十分地接近❿。用訊息理論的術語來說，可以把溝通當作是「一種記憶的複製—為了要使訊息得以傳遞、保留、儲存、與表達。」⓫ 因此，在薛儂與魏弗 (Shannon & Weaver) 所

---

❽ William G. Scott and Terence R. Mitchell, *Organization Theory*, Homewood, Illinois: Richard D. Irwin, 1972, revised edition, p. 139. 亦見於 Karl W. Deutsch, "On Communication Models in the Social Sciences", *Public Opinion Quarterly*, vol. 16, 1952, p. 357.

❾ 見 C.G. Browne, "Communication Means Understanding" in Keith Davis and William G. Scott (eds.), *Readings in Human Relations*, New York: McGraw-Hill, 1959, p. 331. 亦見於 Richard A. Johnson, Fremour E. Kast and James E. Rosenzweig, "Systems Theory and Management", *Management Science*, January, 1964, p. 380.

❿ Norbert Wiener, *Cybernetics, or Control and Communication in the Animal and the Machine*, New York: John Wiley and Sons, 1948; Claude E. Shannon, "The Mathematical Theory of Communication", *Bell System Technical Journal*, July and October, 1948.

⓫ P.A. Cartier and K.A. Harwood, "On the Definition of Communication", *Journal of Communication*, November 1953, p. 73; 亦見於 Dale D. Drum, "Change, Meaning and Information", *Journal of Communication*, Winter, 1957, p. 162.

建立的模式中，溝通歷程被描繪成一個訊息處理機制的幾個主要部分，如下面所述：

a）訊息來源——由原始訊息所構成，包括傳遞者之意圖與目標的某些形式；

b）傳遞者——將資料加以轉譯，並傳遞給接收者。由原始資料轉換而成的訊息，通常是編譯成語言的形式（或其他任何系統性的符號形式），以便於傳達；

c）噪音——它是概稱任何無法全然解釋的溝通上的問題，特別是指發生在傳遞與溝通之間的任何干擾；

d）接收者——在接收者身上發生訊息譯碼解碼的歷程，這個歷程與知識的獲得、知覺、及聆聽等歷程相近。

e）目的——是指解碼後的訊息，所造成的行動結果，對於達成組織目標的貢獻 ⓬。

雖然如此，在分析這些元素的行為與其彼此間之關係時，仍必須解釋溝通歷程的動力狀態。環境中的不確定及模糊的情況，使得傳遞者與接收者之間有了「緊張的狀態」，因之造成了一個背馳點。這種緊張狀態，產生了「溝通的需求」與「被溝通的需求」 ⓭。因此，用心理學的術語來說，溝通是始於雙方知覺到環境中的不確定性；而為了消除這種緊張，遂有了溝通。假如溝通是有效的——也就是它成功地引發了所欲有的活動，管理立場上的緊張被挪開，而溝通狀態也被重建與規劃。這

⓬ Claude E. Shannon and Warren Weaver, *The Mathematical Theory of Communication*, Urbana, Ill.: University of Illinois Press, 1949, pp. 5 and 98.

⓭ Franlin Fearing, "Towards a Psychological Theory of Human Communication", *Journal of Personality*, vol. 22, 1953-54, pp. 73-76.

種溝通的功能，就在於恢復平衡狀態❹。在眞實生活環境中，溝通很難與它所運作的社會背景分開，溝通雙方所具有的價值、信念、與假定，雙方之間的關係——包括正式與非正式的，以前他們的地位、權力、權威等，都會影響到溝通的進行❺。 溝通是一個動態的， 交互影響的過程；「它沒有所謂開始，也沒有所謂結束，它不是事件的一種固定的次序，它不是穩定的、靜態的，它是動態的。這個歷程中所有的成分會交互作用，而每一個成分都會影響所有其他的成分。」❻

因此，溝通的前提即它乃動態取向的，以對偶的觀點亦可以稱它爲一種交易歷程。「交易」(transaction) 這個概念隱含著相互性或互惠性的意味。將組織溝通視爲一交易歷程，簡單地說也就是表示「所有人都同時在傳遞（編碼）與接收（解碼）著訊息，每一個人都同時處在編碼與解碼的歷程中，而每一個人都會影響到其他的人。」❼另一方面，對偶 (dyadic) 理論主張，在複雜組織中的溝通不一定要靠「在傳遞者、符號、與接收者之間，有顚撲不破，持續性的關係」。相反地，即使「某種關係只涉及三種因素中的任何一種，而第三種却是未定的」亦已足以溝通。」❽因此，在這些對偶之間並不天生地具有任何關聯。在組織中的不同情境之下，不同時間之內，它們也許會有不同的聯結。此種對偶觀點， 似乎較是根據管理性溝通的特性， 這種溝通常常是非個人化

❹ William G. Scott and Terence R. Mitchell, *Organizational Theory*, 同❽, pp. 141-142.

❺ 同上，p. 143.

❻ David Berlo, *The Process Communication*, New York: Holt, Rinehart and Winston, 1960, p. 24.

❼ John B. Wenburg and William W. Wilmont, *The Personal Communication Process*, New York: John Wiley & Sons, 1973, p. 5.

❽ John B. Newman, "Communication: A Dyadic Postulation", *Journal of Communication*, June, 1959, p. 53.

的，和傳遞者與接收者之間的時間以及空間沒有關聯。

　　因此這些溝通對偶，在組織情境中是以網狀形式連結在一起。簡單地說，一個網絡可視爲以溝通管道相互聯絡的決策中心系統，這系統具有回饋的特性，使得系統本身可以自我管理與自我控制。它促進了系統中各部分的協調，評估組織表現的成果，並確保組織目標的達成。從結構上而言，溝通網絡可比擬爲組織中的神經系統，神經系統由無數的神經線路所組成，這些神經線路的活動都是對偶性的，而不是以一持續單一的型態作簡單的循廻⓳。

　　在工作組織中的溝通，通常是有一位發起人（傳遞者），他意欲傳達某種特殊訊息，以影響接收者的行爲，不管其所用是隱蔽式或其他方式。「影響的中心點」（influencing nodes）或柯特路易士（Kurt Lewis）所謂的「守門人」（gatekeepers）可想而知是管理、督導、或其他類似的工作，具有發動與傳達重要訊息——西蒙謂之「價值前提」（value premises）——的權威，這些訊息是由組織中的權力階層先行制定的，傳遞到組織系統中的其他部分，以解釋決策及引導後繼之行動⓴。簡言之，權威中心傾向於在垂直向度上定義溝通，以作爲決策前提的傳遞。

　　在一個正式組織背景中的溝通，亦具有水平的管道，它大部分是在工作場所中工作流通的重要關口。

　　水平溝通的目的是在通知「個人能明白所發生的事，自身職責的要

⓳　見 John T. Dorsey "A Communication Model for Administration", *Administration Science Quarterly*, December, 1957; 亦見於 Scott and Mitchell, Organizational Theory, 同❽, pp. 146-147.

⓴　見 H.A. Simon, *Administrative Behavior*, New York: Macmillan, 1953, chap. 8. 亦見於 George Thomason, *A Textbook of Personnel Management*, 同㊷, p. 190.

求，以及下一步的行動。」❷同樣地，它也發生在組織中的不同階層，就督導中心而言，藉由這樣的溝通，工作活動可以得到協調。

因此，就一個正式的工作組織而言，瞭解其組織圖，其實就是要探討其溝通管道的網絡，包括垂直與水平的傳導。組織實際運作的溝通型態，通常都比組織圖畫面所呈現的更為複雜，而且亦有所不同。例如，魯伯頓（T. Lupton）就曾提出在工作場所兩種不同型態溝通網絡的差異。其中一種他稱之為「星形」網絡，這種溝通網是有一個人站在中心位置，他分別與環繞周圍相關聯的每一個個人有雙向（two-way）的溝通。另一種型態稱之為「環狀」溝通網絡，這種型態下，團體中的所有成員，都和其他的每一個人有相互的溝通。「星形」溝通網絡的優點是直接而不致浪費時間，但它的缺點是導致成員缺乏滿足感；而「環狀」溝通網絡的情況則恰好相反。魯伯頓認為，究竟選擇哪一種溝通網絡較為合適，要視特殊目標或工作歷程而定。例如，「環狀」溝通網絡宜於處理複雜而新奇的材料；至於規律性的工作或訊息，則適合使用「星形」溝通網絡❷。

然而，在真實生活的工作情境中，溝通以及溝通的效能，顯然會因為各種問題而有了不同程度的削減，特別是因為對訊息的折衷、稀釋、或變更等的干擾，而使得訊息的內容與功能改變，本章將會簡單地探討這類問題。

---

❷ 見 George Thomason, *A Textbook on Personnel Management*, 同❷, p. 191. For distinction between the vertical and horizontal channels of communication, 亦見於 L. Klein, *Multi Products Lids-A Case Study on the Social Effects of Rationalized Production*, London: Her Majesty Stationery Office, 1964.

❷ 更詳細的細節，見 T. Lupton, *Industrial Behavior and Personnel Management*, 1964.

第四節 上司——下屬溝通

在工作組織中由上而下的下行溝通，通常爲組織提供一個或多個溝通的目標，諸如給予工作的指導，傳遞組織程序或實務的訊息給部屬，向部屬解釋某項特殊工作，傳達理念式的訊息以促進組織目標之教化，或是提供工作表現之回饋[23]。下行溝通一般慣用的媒體包括：書面媒體如組織指南、手冊、雜誌、報紙、公報、佈告、海報、標準的報告、程序說明書、備忘錄等；而口語媒介則包括從上司直接下達的口語命令、演講、會議、公開致辭、電話等等。

下行溝通是否有效，與接收者（亦卽部屬）及所選擇的管道（與媒體）有關。羅伯特定出了一些可能會影響溝通中接收過程的狀況：

（ⅰ） 人們對溝通的解釋是循阻力最少的途徑。

（ⅱ） 人們較易採納那些與其意象、信念、價值相一致的訊息。

（ⅲ） 與價值不一致的訊息，比與合理邏輯不一致的訊息，更易爲人所排拒。

（ⅳ） 當人們看見環境在改變時，他們更易於採納訊息。

（ⅴ） 整個環境會影響溝通；在某一情境下可以合理解釋的訊息，也許在另一種情況下卽無法合理解釋[24]。

麥爾吉與貝勒（Melcher & Beller）列舉了一個溝通矩陣，主要是根據溝通管道—是正式亦或非正式？——以及溝通媒介—是書面亦或口

---

[23] Daniel Katz and Robert L. Kahn, *The Social Psychology of Organization*, New York: John Wiley & Sons, 1966, p. 239.

[24] Donald F. Roberts, "The Nature of Communication Effects", in Wilbur Schramm and Donald F. Roberts (eds.), *The Process and Effects of Mass Communication*, rev. ed., Urbana, Illinois: University of Illinois Press, 1971, pp. 368-371.

語？——這兩個向度。正式管道是指那些符合正式命令路線的管道，而非正式管道則不符合。溝通是否有效，很明顯是隨著督導對路徑與方法的選擇而有所不同。而督導應作何選擇，又得考慮幾個有關的因素：

A. 溝通的性質
 （ⅰ） 溝通屬何種型態？ a）下達命令；
  b）給予或要求提供訊息；或是
  c）在問題或決定上達成一致；
 （ⅱ） 溝通的合法性，以及訊息的公開或隱私性；
 （ⅲ） 在溝通中所使用的資源，包括時間、金錢，或其他材料；

B. 管道成員 (Channel Member) 的特性
 （ⅰ） 那些直接或間接涉入溝通的人員，是目標取向亦或是方法取向？
 （ⅱ） 那些解釋或轉播溝通的人，其可信度 (reliability) 如何？（亦即溝通中介的核心是否可靠？）
 （ⅲ） 接收者與中介者的語文能力如何？

C. 溝通所運作的社會系統，其整合程度如何？——包括團體間的人際關係，及團體與團體之間的關係。

D. 管道的特性，可以從速度、回饋、選擇性，可接受性、成本、及責任性質六個重要元素來加以分析㉕。

㉕ 這些影響溝通媒體之選擇的因素，更詳細的討論可見於 Arlyn J. Melcher and Ronald Beller, "Toward A Theory of Organization Communication: Consideration in Channel Selection", *Journal of the Academy of Management*, March 1967, pp. 39-52; 亦見於 John W. Newstrom, William E. Reif and Robert M. Monczka (eds.), *A Contingency Approach to Management: Readings*, New York: McGraw-Hill, 1975, pp. 383-401.

在對商業管理人員的一個實證研究中發現，在溝通的不同方法中，其實有著層次上的次序。多數情況下，認爲在口語訊息之後緊隨著一個書面訊息是最合適的——特別是在必須立卽採取行動，而事後或許又需要書面文件的情況下，或者是所溝通的訊息是一般性的。相反地，在某些特殊的情況下，書面或口語的方式單獨出現或許更爲有效。例如，在毋須人際接觸，或其目的是爲了未來的行動，或是一般的訊息，這些情況之下，書面的訊息或許就足夠了。而口頭指示更適合有人際接觸，須立卽回饋，或是溝通乃爲了要引起接收者行爲上的改變等情況。反之，假如訊息內容是要求立卽行動，而在某些點上又可能會有人際接觸的時候，書面的方式也許就行不通了 ❷⑥。

一般工作組織都期望上行溝通與下行溝通能互相配合。事實上，在一個制度化或官僚式的組織中，由部屬所啓動的溝通，往往勝過從上而來的命令、指示、程序、以及訊息的流通管道。下行溝通因爲訊息、意見、感情的不完足，常常會出現問題，梅爾等人（Maier et al.）列舉這些問題如下：

「……（部屬）與上司幾乎在每一件事上，都不一致，或是相異多於相同。上司與部屬也經常在有關優先順序的問題上產生紛歧——他們對有關何者爲部屬最重要的工作,何者爲最不重要的工作,永遠無法達成一致。」❷⑦

爲了促進部屬與上司之間的溝通，亦發展出許多不同的技術，盧

❷⑥　Dale A. Level, Jr., "Communication Effectiveness: Method and Situation", *The Journal of Business Communication*, Fall 1972, pp. 19-25; 亦見於 Newstrom, et. al. (eds.), 同❷⑤, pp. 396-401.

❷⑦　Norman R. F. Maier, L. Richard Hoffman, John J. Hoover, and William H. Read, *Superior-Subordinate Communication in Management*, New York: American Management Association, 1961, p. 9.

騰 (Luthans) 將它們分爲五種主要型態：

(i) 投訴程序 (grievance procedure)；

(ii) 開門政策 (open-door policy)—— 也就是「隨時請部屬來談談任何困擾他們的問題」；

(iii) 諮詢、態度問卷，以及展開晤談；

(iv) 參與方式，其範圍可由部屬的非正式參與，一直到正式的參與程序，例如聯合諮商、意見箱等；

(v) 公關人員 (omnibusperson)❷❽。

第五節 溝通的問題

㈠ 溝通的性質：

爲了修正在組織階層的兩個端點之間可能有的不平衡，溝通管道通常都是由頂至底逐步地循線進行，因此位於中間階層的人員，可能得以直屬部屬所能瞭解的語言，傳達訊息給他們；同樣地，假使情況需要，他們也得作反方向的傳譯。然而，當訊息經中間人員，過度地過濾或增述，極可能會使之混淆。訊息經過一連串的修改與轉譯，到達接收者時，可能已被扭曲了面目。第二種溝通問題的來源是結構上的問題，在正式組織中，監督必須兼顧不同的工作團體，而他在工作者間就有以團體爲基礎的不同身份。這問題可能會發生在空間向度上，在一個部門與另外一個部門之間。事實上，多重團體身份的存在，經常造成溝通的阻力與障礙。

不管經由實際運作，或是正式組織結構的賦予，團體所加諸個人的身份，會使得個人根據其身份去解釋環境中的不同元素。團體所特定的

---

❷❽ Fred Luthans, *Organizational Behavior*, 2nd ed., Tokyo: McGraw-Hill Kogakusha, 1977, p. 220.

身份，經常會造成溝通的屈折或歪曲❷，特別是當若接收訊息之後，其衝擊或反應可能影響團體的現有勢力時。因此，團體成員對以不同型態傳達的特定訊息之反應，可能要視團體的價值，常模系統，以及團體所提供的解釋而定。在正式組織中，若小團體的次文化與組織不一致，或非正式結構與正式結構有衝突時，就導致溝通上的障礙❸。

（二）　**可能的改善與矯治：**

然而，總括而言，溝通中的歪曲大部分是由於語言（也就是媒介）的特性，語言的相對效率，所使用的語言型態等問題結合而成溝通媒介上的問題；歪因的另一大原因是傳遞者與接收者的參考架構的不一致，換言之就是社會距離所造成的溝通歪曲❸。

當訊息要經由階層架構，傳送到所欲其接收的階級中時，傳送中的每一過程都可能導致歪曲。這可藉一些方法來加以檢驗，例如從接收者獲得回饋，以確定訊息是否照所預期的完全被瞭解了；或由傳遞者重覆

❷ 此類團體可以從不同情境發展，例如，一般物理位置及其所造成的緊密程度；共有的經驗，在組織內或組織外區別於他者的一般職業或職業背景；對於在較大背景內一般地位的知覺等。見 George Thomason, *A Textbook of Personnel Management,* 同 p. 195.

❸ 在團體中大量溝通的效果，可見於例如 E. Katz and P.F. Lazarsfeld, *Personal Influence,* Free Press, 1955. 參照團體行為的概念，及其與溝通的關係，見 Tamotsu Shibutani, "Reference Group and Social Control", in Arnold M. Rose (ed.), *Human Behavior and Social Process*, Cambridge, Mass: Houghton-Mifflim, 1962, pp. 128-147.

❸ 因此，在社會距離和價值上的差異，就成為溝通的障礙，見 Norman R. F. Maier, "Breakdowns in Boss-subordinate Communication", *Communication in Organization: Some New Research Finding*, Ann Arbor, Mich: Foundation for Research on Human Behavior, 1959; Melville Dalton, "Managing the Managers", *Human Organization*, 3, 1959, pp. 4-10.

地傳達訊息❸。

歪曲 (distortion) 的特性是它很少是有意造成的，反之「屈折」（ filtering）却常是有意識地操弄「事實」以造成誤解❸。 屈折最可能發生於伴隨工作評價的上行溝通，或是在個人、團體、與部門之間，彼此有所磋商時的側向或對角溝通。

為了要找出歪曲與屈折，並作出合宜的矯正，組織必須建立一個具有無上自由的審計團體，得以越過命令鏈，到工作表現的各個點上去收集運作的資料，以為權力階層行使評估功能時提供正確的資料❸。

另一方面，當位於中樞者面對太多的訊息，以致超過他的能力，而無法不在吸收及處理上有所延誤的時候，就產生了溝通上的過度負荷。這種過度飽和的狀態，也許可藉由設立訊息監察者得以緩和。這種監察角色通常由中級管理階層來扮演，他詳細檢閱所有進入的訊息，而只將其中有關的訊息分別出來呈遞給高級管理者❸。這個過程背後所隱藏的是一種「充足原則」(principle of sufficiency)，以及「期望管理」(management by expection) 的邏輯——這概念是只有與標準、程序、與政策有顯著差異的訊息，才須督導親自注意，否則監察人就已有足夠

---

❸ Harold Guetzkow, "Communication in Organization", in James C. March (ed.), *Handbook of Organizations*, Chicago: Rand McNally & Co., 1965, pp. 558-559.

❸ William G. Scott and Terence R. Mitchell, *Organization Theory: A Structural and Behavioral Analysis*, 同❸, p. 159.

❸ 審計團體與組織的命令純是獨立的， 它只直屬結構中的最高階層，並須提供無偏誤的訊息，或組織中較低階層高度技術化及特殊範圍的活動訊息。 對於此概念更詳盡的說明可見 Leonard R. Sayles, *Managerial Behavior*, New York: McGraw-Hill, 1964, pp. 93-100.

❸ 「檢核效果」(monitoring effect) 的概念，見 Robert Dubin, "Stability of Human Organizations", in Mason Haire (ed.), *Modern Organization Theory*, New York: John Wiley and Sons, 1959, pp. 247-248.

的裁決權了❸。

除以上所述外，溝通亦可能時機或短路的問題而遭致失敗，這一類失敗通常可藉更加注意發放訊息的技巧與協調而得以減低或避免。此外，溝通或許會因爲被接收者接納的程度有問題而受挫。史考特與密歇爾 (Scott & Mitchell) 認爲，溝通的被接納與否，取決於隱藏於溝通性質本身的一些因素，例如其眞實性、模糊程度、可信度，以及一致性，而這些都是訊息接收者所知覺到的❸。

第六節　一些西方溝通實務：以英國組織爲例

在訪視一些理論所述的溝通慣例於眞實的工作場所之後，發現很少能實際地描繪出組織溝通的管理。本節以英國組織爲例，舉出一些典型的西方實務。這些例子將在工作場所之溝通的三個大類別下加以討論，這三大類別是：

面對面溝通 (Face-to-Face communication)；

大量溝通 (Mass communication)

制度或體制上的溝通 (Institutional/constitutional communication)

在不同的組織背景中，這三種溝通會有不同的結合，下文將逐一討論。

㈠　**面對面溝通：**

面對面溝通在減少雇主與草根階層之間的社會距離，以及對較上階級之管理上，都有其效力。在一個正式的權力結構中，伴隨着法令、程序，以及其他規章的發展，相對地就減少了面對面互動與接觸的可能

❸　William G. Scott and Terence T. Mitchell, 同❽, p. 161.
❸　同上，pp. 263-264.

性。這種溝通的問題在大型的組織中是很平常的，但這並不是說只有大型組織才無法進行個人化型態的溝通。相反地，可能愈是大型的組織，愈會注意這方面的問題，而想辦法以更有系統的方式，來促進工作場所中面對面的對話。

顯然地，卽使是竭盡全力地與下層接觸，一位大單位的主管仍不可能與其部門中的每一成員有面對面的溝通。但是，在原級工作團體中却可以找出一些領導者——不管是正式或非正式的，管理階層可以從這些領導者身上，獲取與草根階層溝通的訊息。在實際典型的英國組織中，定期地約談督導、領導者，以及工人代表，被認為是一種管理的策略。

除了定期約談之外，在一個較穩定的基礎中，亦有其他結構化的方式來引發面對面溝通。一個相當廣被採用的英式定則，就是團體簡報系統，它可以在管理者與雇員之間提供一個計畫好並組織好的聯線。其原則是團體簡報必須下及於草根階層，形成一個涵括所有組織成員的網絡。在工作場所，工作團體本身可以形成不同規模之團體簡報的基礎，亦卽其規模可由四人到二十人不等，而直屬上司每週向其部屬簡報，或至少每月一次。對話須以工作團體的日常語言進行，其基本目標是為了解釋及討論直接影響工作團體的事件，包括一些曖昧不明的課題，如直接影響工作者效率及表現的組織變遷；他們工作的狀況與遷昇的機會；公司的營運情況與技術發展，可能會影響員工長期的工作、轉移與訓練機會等。

在最終的分析中，發現團體簡報的效能，有賴頂頭上司的委託與態度，中層管理人員的接收及在公眾場合明確表達的能力，溝通本身的實際內容，以及其他可能影響簡報中互動歷程的因素。然而，團體簡報系統功能的關鍵，仍在於其在階層中下傳被運作的方式。進行簡報的一個實際方式就是發動職員會議，會議要求各部門主管與經理出席；而各部

門主管為了收集簡報會議中所要報告的資料，必須先滙集其屬下督導及主管簡報。為了管理上的方便，經常要先準備簡短的書面簡報，其中包括一些要直接傳達給頂頭上司的訊息或建議。這些簡報必須經過徹底的解釋，以使得督導能夠完全地瞭解，並能夠呈現於自己的團體會議中。對草根階層而言，此種簡報不只是要傳遞訊息，也在於迅速地表明並澄清疑問與懷疑。因此，當督導們有了任何無法答覆更高階管理者的問題時，他們必須回到自己的團體中徵詢回饋訊息以及工作者的反應；同樣地，管理者召開簡報會議，也可以檢查訊息是否正確無誤地反應了團體的反應與感覺。

　　㈡　**大量溝通法：**

　　大量溝通除了其非個人化的特性之外，是可採行的，且事實上它極便於向廣大接收者，傳達一些相當標準化的訊息。在工作組織中，一般要達到大量溝通目的的方法包括佈告、公司的報紙或簡訊、員工手冊、公共通訊系統，以及大量會議。下面簡單地說明這些方法：

　　a) 佈告

　　佈告可以直接傳佈於雇員（例如，放進他們的薪水袋中），或公開在佈告板上引起員工的注意。為了使佈告有效，訊息的措辭必須友善而生動。它們必須被放置在靠近工作或辦公的出入要道、福利社外、體育館，以及其他的娛樂中心。經常採用的一種方式是設置一塊專供緊急公告使用的佈告板，另一塊是一般常設性訊息佈告板，而注意使二者在設計及顏色上都有所分別。

　　b) 公司報紙與簡訊

　　由雇主所出版的刊物，往往被視為管理上的宣傳或「老闆吹牛皮」。因此，雇員多傾向不信任公司報紙的報導，並且認為它是言過其實。增加公司報紙之溝通價值的方式之一，就是使雇員——包括職員與工作

者——也能參與印製出版。設立一個出版諮商委員會，使公司成員都知道：公司報紙是公正無私地涵括組織中的每一部門。爲了使報紙能造成衝擊力，它必須以良好的紙張印刷，必須定期出版，由專業人士編輯，且編輯者必須眞正對這份工作有興趣，不致視之爲額外的工作負擔。

c) 員工手冊

任何規模的多數公司都備有員工手冊，手冊上說明雇員所須遵守的法令及規則、公司生產型態的簡短大綱、 公司的設備， 以及產品的種類。通常手冊上都有一幅組織圖，顯示公司的管理流程，以及何人所司何事，各部門與工作坊的區分，使得新進員工可以對工作有某些粗略的概念，同時也瞭解他們所享有的福利措施——如福利社、體育及娛樂中心，福利及醫藥補助——的有關細節。

常見的作法是向新進員工發一些小冊子，冊子中的訊息是員工手冊上已有，而新進員工會特別感興趣的題目——如福利獎金、疾病給付制度、衣着規定、意外與健康保險、組織中的議事章程、工作評鑑系統等等。

d) 公共通訊系統

這個方法曾一度爲管理者所廣泛應用，但今日這種溝通方式已經不受歡迎，因爲它太不個人化，同時也不能確知到底有多少人眞正注意了所傳送出去的訊息。一般而言，在某些特定情況下會使用擴音系統，例如，在緊急事件的時候，而可供通告的時間又很短。經由擴音器所傳達的由上級而來的訊息，必須以書面簡報爲基礎，以確保訊息的正確以及清晰。若可能的話，管理者亦要檢查雇員在聽到訊息之後的反應回饋。

e) 大量會議

正如公共通訊系統，大量會議這個方法亦只有在危機及困難時期才予採用。它的弊病亦在於，當大量時，雇員對管理發言人所說的話並不

會很有系統地聽，並且把它當成只是「老闆的訓話」。

　　㈢　**聯合諮詢以及其他制度化的溝通形式：**

　　聯合諮詢的概念基本上是英國所發展出來的一種勞工管理制度。英國政府所出版的「工業關係手册」中說明：

　　　　「在公司及其他的工作場合，所安排的管理者與雇員之間的諮詢，而其諮詢的事件是超乎一般談判範圍之外的，這種諮詢的安排必須採取聯合委員會的形式，雖然在此之前也許用過其他較不正式的方式。」❸

　　一個領導英國工業關係研究的權威，曾這樣描述聯合諮詢：

　　　　「它既非獨裁管理、亦非集體交涉，而是達成決定的另--種方法。在聯合諮詢的方式之下，管理者訊息呈現給工作者，並且和工作者一起討論他們的計畫，但仍保留最後決定的唯一責任」❸。

　　因此，聯合諮詢可以說是在一個正式的組織中，其組織背景的特質是一種官僚式非個人化的工作環境，在這種情況下所有的一種帶有限制感的建言與諮詢機制。從歷史上看，這種概念早在十九世紀的英國就已顯著出來，例如工人代表的顧問團，「或是對其工作者的福利特別關切，或是為了能夠有系統地指導工作者的表現，逐組成這樣一個異於貿易聯合工會的團體。」❹

　　而在兩次世界大戰之間的期間——在提高士氣，增加生產量，及緩

---

❸　*The Industrial Relations Handbook*, London: Her Majesty's Stationery Office, 1964, p. 126.

❸　H. A. Clegg, *The System of Industrial Relations in Great Britain*, Oxford: Basil Blackwell, 1970, p. 192.

❹　H.A. Clegg and T.E. Chester, "Joint Consultation", in Allen Flanders and H.A. Clegg, *The System of Industrial Relations in Great Britain*, Oxford: Basil Blackwell, 1954, p. 329.

和勞資雙方關係的壓力之下❹，這個系統有了全國性發展的趨勢。在此種情勢下，聯合諮詢委員會的主要諮詢角色，就朝向增加產量及工作效能等方面進行。

即使在英國，雖然有官方對於全國性工業聯合諮詢之實施的支持，這系統仍未能很成功地推廣。問題主要是由於聯合諮詢的原則在運作時所固有的一些毛病。第一是諮詢 (consultation) 與交涉 (negotiation) 的截然劃分，第二是仍保留管理的特權。結果，聯合諮詢有了一種關注下列主題的傾向，(i) 殘餘的（所有交涉主題之餘）；(ii) 非爭議性的（因此也可能是較無趣的）❷。因此這些委員會的權力與權威就只限於外圍，而雇員也很難期望透過這樣的管道，能對決策有什麼具體的影響力。

聯合諮詢系統的諸般缺點，可由下述評論中見其一端：

「由於委員會並無交涉的權力，而在人員與管理結構中亦無權威，所餘者主要只是一個建議性的委員會，由各單位及管理官員所組成，而對於一般勞動力，則只有很少或幾乎沒有任何接觸。再者，由於其無力採取行動以及有實權去處理的問題很少，這已成眾所周知，因此，它也很少被用來作為投訴的管道。」❸

故若要改進聯合諮詢的效率，則必須要賦予它一個較不模稜兩可的

---

❹ 這也可以說是因為，在兩次世界大戰期間，英國工場階層的貿易強度及重要性增加的緣故。

❷ George F. Thomason, *A Textbook of Personnel Management*, London: Institute of Personnel Management, 1975, P. 193.

❸ W. E. J. McCarthy, *The Role of Shop Stewards in British Industrial Relations*, Royal Commission in Trade Unions and Employers Associations, Research Paper 1, London: Her Majesty's Stationery Office, 1966, pp. 19-36.

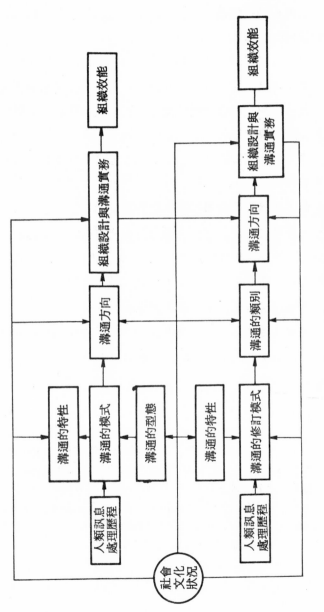

圖9—1　組織、溝通與文化

委任，並且有眞正的行使權力的功能，否則它只不過是一個訊息處理與交換的公共場所罷了❹。

這個論點可以從英國葛雷西爾（Glacier）實驗的經驗中得到證明，這是一個以葛雷西爾金屬有限公司爲對象，所做的工業組織實地研究計畫。在本發展計畫中，聯合諮詢的型態，從傳統的聯合生產委員會的諮詢型態，到在政策決定系統中參與顧問，擁有「合法的」裁決權❺。觀察顯示，高權力聯合諮詢的型態，「賦與管理者與其責任相對的，高過其部屬的權威程度。」❻

因此，葛雷西爾公式例舉了一種聯合諮詢的模式，它更接近交涉，同時工作者的參與也較多。這種合併諮詢與交涉兩種歷程特質的趨勢，在英國官方的認可下更趨明顯，1971年工業關係實務法典的諮詢文件中，認爲聯合諮詢可以在下列三種方法下採取一種更有彈性的作法：

（ⅰ） 一個包含兩種功能（諮詢與交涉）的單一系統。

（ⅱ） 兩種功能具有分立的歷程及相同的代表（representatives）。

（ⅲ） 分立的歷程，完全或部分相異的代表❼。

---

❹ George Thomason, *A Textbook of Personnel Management*, 同❷, pp. 195-196.

❺ 這與否決政策決定不同，這種權力仍保留給主管階層。 因此，在公司的政策文件中，諸如有關財政、主管與執行者的聘用等問題， 決策權都仍保留予主管。而其他的問題，才公開聯合決定。見 Wilfred Brown, *Organization*, London: Heinemann, 1971, Chap. 19 "Policy-making Works Council"; 亦見於 Jerry L. Gray, *The Glacier Project: Concepts and Critique*, New York: Crane, Russak and Co., 1976, pp. 337-359.

❻ Wilfred Brown, *Organization*, 同❺, pp. 198-199.

❼ 然而，在1972年末，繼之出版的 Code of Industrial Relations Practice 中却未記載。

第十章　領導行為

第一節　緒　論

「領導」這個字常引起很大的爭議，它像是從一個點上分枝出各種不同的看法來。有的觀點比較從個人人格特質上着眼，有的則著重於行為的型態或風格。儘管觀點如此分歧，然從整個管理上來看，領導是屬於其中策略性的層面。因此，若管理是一個極盡各種方法之歷程，在這歷程下將部屬組織起來，「去執行派定的正式職責，及完成特殊的既定目標」❶，則領導就是「一個團體中的某個人，發揮其社會影響力，去影響團體中的其他人」──所以若用權力的術語來說，領導者就是在「運用其權力以期能影響團體成員之行為」❷。而領導行為，當然也只有在有附從或部屬的情況下才能成立。　因此，　在組織中來探討或評估領導，很明顯地就會有兩種類型的結果，第一，領導者的表現可以決定團體的工作成果。第二，領導者會影響團體成員的凝聚力、穩定性，以及

---

❶ Alan C. Filley, Robert J. House and Steven Kerr, *Managerial Process and Organizational Behavior*, Glenview, Illinois: Scott, Foresman and Co., 2nd ed., 1976, p. 211.

❷ 同上。

其工作滿足感。所以，一個有效率的領導者，對於他自己，他所領導的團體及成員，公司（組織），以及整個的社會環境，都應該有深刻的認識。有彈性的領導是絕對必要的，因此，「如果成員需要指導，他必須能給予指導；如果成員要求自由，他也要能提供自由。」 ❸

第二節　領導理論

(一) 特質論：

　　早先的領導理論著重於劃分領導者的個人特性或特質。所謂特質，以社會心理學的用語來說，就是任何可以歸因各個人會產生不同行為之生理或心理特性。特質論的學者在做領導行為之研究時，是傾向於假定有某些特殊的特性，適足以區分成功以及失敗的領導者。

　　早在一九三三年，史密斯 (Smith) 及克魯格 (Krueger) 就曾列出了一些他們認為與領導素質有關的特質，包括人格特質、社會特質、以及生理特質：

人格特質——

通曉知識

充沛的體力與幹勁

熱忱

獨創力

進取心

想像力

決心

毅力

---

❸ R. Tannebaum and W.H. Schmidt, "How To Choose A Leadership Pattern", *Harvard Business Review*, 36, 1958, p. 101.

果斷力

社會特質——

老練

同情心

對他人及自己的信任

耐性

威信

權威——順從

生理特資——

某些生理上的優勢，諸如高、重、或長相迷人❹。

　　而在二十年後，領導的特質論就已有了實證性的支持，像伯德（Bird）於1940年，史塔格（Stogdill）於1948年，基伯（Gibb）於1954年，以及曼恩（Mann）於1959年所做的實驗。例如，史塔格發現：並非所有傳統中所認定的領導特質都可以在領導者身上找到，只有智力、學識、可信賴、負責、社會參與，及社經地位這幾個特性，在領導者及

❹　H.L. Smith and L.M. Krueger, "A Brief Summary of Literature on Leadership", *Bulletin of the School of Education*, Indiana University, Bloomington, Vol. 9, no. 4, 1933, pp. 380. 亦取自 T. O. Jacobs, *Leadership and Exchange in Formal Organizations*, Alexandria, Virginia: Human Resources Research Organization, 1971, p. 6.

非領導者之間有明顯的差異❺。同樣地，基伯在1954年亦下結論說：「無數有關領導特質的研究，並未能一致性地發現足以定義領導者的特質模式。」❻

　　近來在領導特質上的研究，例如吉梭利（Ghiselli）所做的，業已適度地定出一些領導能力特質論點上的正向線索。吉梭利於1971年統整其數個有關研究，發現經理人員所表現的能力與智力、督導能力❼、進取心❽、自我肯定❾、及個人獨特性❿幾個特質有關。但是，他的發現也不能確切地定論說領導者具有某些一致性的內在特質。正如腓利等人（Filley et al.）對這個研究所批評的：「……雖然在統計數據上顯示，某些特質與領導行為的關係，的確達到了顯著水準，但這並不足以證明，

❺　見 R. Stogdill, "Personal Factors Associated with Leadership: A Survey of the Literature", *Journal of Psychology*, 25, 1948, pp. 3571; Stogdill, *Handbook of Leadership*, New York: The Free Press, 1974. 亦見於 R.D. Mann, "A Review of the Relationship between Personality and Performance in Small Groups", *Psychological Bulletin*, 56, 1959, pp. 241-270.

❻　C.A. Gibb, "Leadership", in G. Lindzey (ed.), *Handbook of Social Psychology*, Vol. 2, Cambridge, Mass.: Addison-Wesley Publishing Co. Inc., 1954.

❼　「督導能力」被定義為「有效運用環境所需之督導技巧的能力，這種特質 Ghiselli 認為是所有特質中「具有無上之重要性」者，「指導他人活動」的能力是「管理能力中一個最顯要的部分」。

❽　Ghiselli 將「進取心」分為兩種元素。第一種是動機性的，意指個人可獨立行動，無須來自他人的刺激或支持的這種能力。第二種是認知性的，意指他可自行看見活動要目，而無須他人顯明的能力。

❾　Ghiselli 認為，「自我肯定」（Self assurance）乃是來自於個體知覺到自己可以有效地處理所面臨的問題。

❿　「個人獨特性」的概念是說個人的特質型態是獨特的，和他人的有所區別。

具有這些特質的人就一定能成爲好的領導者。」⓫

　　㈡　**行爲論**：

　　繼特質論而起的，即所謂領導的行爲論。行爲論的研究焦點在於領導者影響工作團體的一套行爲模式，而不再只是定義人格特質。因此，學者就要分析領導者所表現出來的活動，這些活動的目的，是要幫助團體及其成員達成領導者所欲達成的各種目標，諸如團體凝聚力、生產力、以及成員的工作滿足感。一般來說，這些研究——就像特質論一樣——的應用範圍有限。假定某些特殊的領導型態或行爲類型，較諸其他型態，更能達到促進團體表現的目的，而團體表現以上面所列的目標爲其效標，這種說法引起了許多爭議。這也就是說，團體表現的成就水準，成了領導效能的指標。

　　基本上，領導型態可以「權威式領導」及「民主式領導」爲兩極來劃分。從邏輯上推想，「人際關係」論者——當然也得是服膺領導行爲論的人——較傾向於贊同「民主式領導」，這種領導方式容許部屬或成員有較大的參與空間。

　　關於區分不同的領導型態，最早有李培特 (Lippitt)及懷特(White)所做的研究。他們用同嗜好俱樂部中的男孩爲受試，研究三種不同的領導型態（權威式、民主式，及放任式）對成員滿足感、挫折及攻擊反應的影響。雖然這些研究並非在工作情境中進行，但它在不同領導行爲上所得的結果，却十分明顯。接受權威式領導的男孩受試，較諸接受民主式領導者，有較多攻擊性或冷漠的反應。而在放任式領導之下的男孩受試，其攻擊反應在三組之中是最多的 ⓬。

⓫　Filley et al., 同❶, p. 219.

⓬　權威式的領導者是指導性的，極少讓成員有所參與。民主式的領導者鼓勵團體討論和團體決策，並盡量嘗試「客觀」。放任式領導者是與成員分離的，事實

貝爾斯（Bales）也提出了領導行為的另一種說法，他認為領導者的表現具有兩種主要的功能，即完成工作以及滿足團體成員的需求。然而，這兩種目標並非經常共通一致，反之，兩種角色的要求互相牽制却是常有的事。一般而言，工作取向的領導者專注於工作，可能就會忽略及打擊了成員在社會及其他內在需求上的期望⓭。

在「員工中心」及「產品中心」這兩種領導行為型態之間，還有許多的變異。為了要找出領導效能的決定因素，密西根大學的研究小組做了更明確的實驗操弄。他們在不同的組織中找到大量的工作團體，評量其領導者的行為，比較工作性質類似的團體，看其工作表現與領導行為的相關。一般而言，員工中心的督導，其行為表現多與團體成員在社會及情緒上的需求有關；而產品取向的督導行為，則與工作的完成有關。雖然證據並不十分明確，也不足以成為定論，但密西根研究小組獲致了一個一般性的結論，即「員工中心」的領導是以「人際關係」為導向的，而其團體生產力却較產品中心的領導為高⓮。

上是一種無介入的「無領導」狀態。見 Ronald Lippitt and Ralph K. White, "Patterns of Aggressive Behavior in Experimentally Created 'Social Climates' ", *Journal of Social Psychology,* May, 1939, pp. 271-276.

⓭ Robert Bales, "The Equilibrium Problem in Small Groups", in T. Parsons et al. (eds.), *Working Papers in the Theory of Action,* New York: Free Press, 1953.

⓮ 例如，在 Morse 與 Reimer 所做的一個田野試驗中，以「雇員中心」及「產品中心」兩種領導型態來訓練保險公司的管理者，然後管理者直接將所受訓練用於組織中之成員。測量成員的表現及態度，發現「雇員中心」的領導者在「雇員態度」上較佳，而「產品中心」的領導者在「產量」上則較佳。然而，研究者的結論却並不全然如此，他們認為若實驗不斷持續，假以時日，「雇員中心」的領導者在「產量」上亦會有成功表現。見 Ernest J. McCormick and Daniel Ilgen, *Industrial Psychology,* London: George Allen & Unwin,

俄亥俄州立大學的系列研究，摘取大量有關領導行為論的學說及研究，從而發展出兩套測量領導行為的量表：領導行為描述問卷（Leader Behavior Description Questionnaire，簡稱 LBDQ），及領導意見問卷（Leader Opinion Questionnaire，簡稱 LOQ）❻。和密西根大學研究類似的是，從諸多行為中區分出兩種主要的領導類別——一種是社會情感性行為，另一種是工作關聯性行為，而俄亥俄的研究較不會將領導效能明確地歸諸於某一種的行為型態。「體貼」（consideration）和諸如成員對領導者及團體的滿足感等社會情感因素，有正的相關，但與生產力却無一致性的相關；而「主動結構」（initiation of structure）與社會情感行為或工作表現都無一致性的關聯。

這些頗成疑議的相關有幾重原因。不一致性可能是由於不同的呈現

7th edition, 1980, p. 322. 亦見於 N. C. Morse and E. Reimer, "The Experimental Change of a Major Organizational Variable", *Journal of Abnormal and Social Psychology*, 52, 1956, pp. 120-129. 亦見於 H.J. Brightman, "Leadership Style and Worker Interpersonal Orientation: A Computer Simulation Study", *Organizational Behavior and Human Performance*, 14, 1975, pp. 91-122.

❻ 結論可見，例如 McCormick and Ilgen (eds.), 同❹, pp. 322-323. 亦見於 A. W. Halpin and B.J. Winer, "A Factorial Study of Leader Behavior Descriptions", in R.M. Stogdill and A.E. Coons (eds.), *Leader Behavior: Its Description and Measurement*, Columbus: Bureau of Business Research, Ohio State University, 1957; E. A. Fleishman, "The Leader Opinion Questionnaire", in Stogdill and Coons (eds.), 同前; R. M. Stogdill, *Manual for the Leader Behavior Description Questionnaire-Form XII*, Columbus: Bureau of Business Research, Ohio State University, 1963; and A.K. Korman, "Consideration, Initiation of Structure, and Organizational Criteria-A Review", *Personnel Psychology*, 19, 1966, pp. 349-361.

方式，例如說，「結構性行爲」在不同的問卷中會有不同的用辭❶。其次，也可能領導行爲是隨著團體的表現及反應而變的，而非像一般所假定的：領導是改變表現的原因❶。第三，領導行爲雙向度的假定可能過於簡化了。正如哈摩（Hammer）及戴克拉（Dachler）所說的，這兩個主要因素——「主動結構」與「體貼」——太一般性了，對於描述領導行爲而言，根本無法提供明確的線索❶。事實上，鮑爾斯（Bowers）和西夏爾（Seashore）早就提出了一項四分類系統（four-category system）來取代雙向度的分類。這四項分類是：(i) 支持性行爲；(ii) 強調目標（例如：目標設定）；(iii)促進工作（例如：設計使部屬進入工作的行爲）；(iv) 促動互動❶。

同樣地，根據腓利等人（Filley et al）的說法，行爲取向的研究可

❶ C.A. Schreisheim, R.J. House and S. Kerr, "Leader Initiating Structure: A Reconciliation of Discrepant Research Results and Some Empirical Tests", *Organizational Behavior and Human Performance*, 15, 1976, pp. 297-321.

❶ 例如，Lowin & Craig 的實驗發現，在實驗中操弄團體表現，這些與領導者活動無關的操弄刺激，也會影響領導者的行爲。見 A. Lowin and J.R. Craig, "The Influences of Level of Performance on Managerial Style: An Experimental Object-lesson in the Ambiguity of Correlational Data", *Organizational Behavior and Human Performance*, 3, 1968, pp. 440-458. 亦見於 Morse and Reimer, 同❶。

❶ T. H. Hammer and H. P. Dachler, "A Test of Some Assumptions Underlying the Path Goal Model of Supervision: Some Suggested Conceptual Modifications", *Organizational Behavior and Human Performance*, 14, 1975, pp. 60-75.

❶ D.G. Bowers and S.E. Seashore, "Predicting Organizational Effectiveness with a Four-factor Theory of Leadership", *Administrative Science Quarterly*, 11, 1966, pp. 238-263.

以從「行為」或「型態」的四個次類別來做分析，它們是：支持性，參與性，工具性，及「大人物主義」（great man）。

我們通常假設領導者對部屬的體貼——支持行為，會與後者的滿足感有正相關，而與其離職率及抱怨率的關聯則恰好相反❷。在一些研究中，甚至發現支持性的領導行為，也對團體及個人的生產力及工作表現有所助益。論者以為，這樣的領導型態，比其他領導方式更能引發成員對領導者的接納—而這能帶來更密切的上司與部屬間的合作，並且提高整個工作團體的士氣。

參與式的領導，則是在上司與部屬之間，可以共分訊息、權力與影響力。這樣的領導型態突出了部屬的運作，並且容許部屬參與領導者的決策過程。沙來夫（Salev）總結了十一篇實證研究，其中七篇顯示參與式領導與生產力及工作滿足有顯著的正相關❸。

此外，所謂有效能的領導者，一般是認為與其所表現的功能，是否可達成團體目標有關。這些功能包括策劃、組織、協調、引導及控制部屬的工作。因此，根據俄亥俄州立大學的小組研究，工具性的領導者他以組織資源及人力來結構工作，也會引發成員一些相關的心理結構，例如：

（ i ） 對於成果有高度壓力，而這壓力是來自於對資源而非對領導者的需求。

（ ii ） 部屬滿足於工作（Task）。

❷ 這些實證性實驗研究的結論，可見 Alan C. Filley, Robert J. House and Steven Kerr, *Managerial Process and Organizational Behavior*, Glenview, Illinois: Scott, Foresman and Company, 1976, second edition, pp. 220-221.

❸ 見 Sales, "Supervisory Style and Productivity: Review and Theory", *Personnel Psychology*, 19, 1966, pp. 275-294.

(iii)　部屬依賴領導者所提供的訊息及引導。

(iv)　部屬的工作是非規律性的。

（ⅴ）　部屬擁有高職業水準的工作。

(vi)　部屬處於壓力之下，這壓力來自於資源而非領導者的威脅。

(vii)　在同一位領導者之下共事的人數量很高。

(viii)　領導者是體貼的（considerate）㉒。

領導行為中最具統合性的，當然就是由「大人物主義」者所表現出來的行為了，他們企圖調和並統整「支持性」以及「工具性」這兩種屬性。那是因為部屬們通常都喜歡領導者表現出支持的態度，而「上級」則期待督察們具有高度的「工具性」。但是，「雖然有幾個研究發現具備兩種領導行為的領導者更有效率，但也有證據指出雙向行為的領導者不一定是最有效率的，他們的效率要視情境因素而定。」㉓所以，影響領導效能的要素，似乎一方面要看領導者的特質與行為，另一方面則要看其所領導的情境，以及這兩者間是否能互相配合。

如果從領導效能之情境限制的觀點來看,似乎就沒有一種領導行為,是放置四海而皆準的最好模式了。為了尋求更大的彈性，西方有關領導的文獻開始倡議一種「一把抓」(catch-all)公式，也就是要找到工作結構，人際關係，及領導者人格與行為特質之間的適切性——換句話說，關於領導的研究，開始呈現一種「聯列性」（contingency）的趨勢，

㉒ 見 S. Kerr and C. Schriesheim, "Consideration, Initiating Structure, and Organizational Criteria: An Update of Korman's 1966 Review", *Personnel Psychology*, 27, 1974, pp. 555-568. 亦見於 R. House, *Leader Initiating Structure and Subordinate Performance, Satisfaction, and Motivation: a Review and a Theoretical Interpretation*, mimeograph, 1974.

㉓ Filley et al., 同❶, p. 234.

這趨勢提供了費德勒（Fiedler）的領導效能模式最原始的概念。

　　費德勒模式的要旨是描述與分析不同的領導型態，工作（組織）環境，以及團體效率之間的關係。它同樣地以「工作取向」及「人際取向」來二分領導者的動機及行為特質❷。領導者型態是用一個心理計量工具，稱為「最不喜歡之共事者量表」（Least Prefered Coworker Scale, 簡稱 LPC）來測量的，它藉由領導者對共事者的評估，反映出其個人的仁慈性（lenieny）❷。這種測量工具假設：量表分數愈高者其領導型態愈趨向於人際關係取向（即高 LPC 領導者）；而 LPC 分數低的人則被視為工作取向的領導者。

　　「聯列理論」基本上認為，高效率的團體表現究竟須要何種領導型態的類型，端視團體情境對領導者的有利程度而定。換句話說，在費德勒模式中進一步分析了領導情境，看它是促進或抑制了領導者影響部屬的能力，這稱之為「情境適切性」（Situational favorirability）。影響情境適切性的因素有下列三項：

❷ Fiedler 認為領導型態是相當恒定而無法改變的，用領導者訓練或發展的計畫來修整或塑造亦無效果。然而，這並不意味好型態的領導在任何情況下都穩定地表現出好型態的行為。見 F. E. Fiedler, "Personality, Motivational Systems and Behavior of High and Low LPC Persons", *Human Relations*, 25, 1972, pp. 391-412.

❷ 用 LPC 的方法，請受試者回憶他曾經與其共事的所有人，並找出一個他認為最難與其共事的人。受試者在一個描述性形容辭量表上描述此人，每組形容辭為一個特質的兩極，中間有8個點代表不同的程度，例如，「友善……不友善」，「愉快……不愉快」，或「合作……不合作」等。LPC 測量可以根據分數來決定領導型態，從人際取向（高 LPC）到工作取向（低 LPC）不等。同上。亦見於 F. E. Fiedler, *A Theory of Leader Effectiveness*, New York: McGraw-Hill, 1967; "A Contingency Model of Leadership Effectiveness", in L. Berkowitz (ed.), *Advances in Experimental Social Psychology*, vol. 1, New York: Academic Press, 1964.

（ i ） 權力地位：領導者在組織中的地位愈高，他的領導就愈能夠
得到部屬的信服與接納。

（ii） 工作結構：意指工作以及工作團體組織結構化的程度。

（iii） 領導者與成員的關係：領導者與部屬間人際關係的特性，及
彼此間融洽的程度。

情境適切的程度與這三個向度間的關係是呈正比的，因此對領導影
響力而言，最適切的情境就是：有好的上司——部屬關係，高度結構化
的工作，以及在組織中有力的地位。

有趣的是，從這樣一種情境與領導型態之應用的研究趨向，却得到
相反的結果，費德勒觀察總結道：「在增加團體表現上，領導型態的適
當性，是與團體工作情境的適切性並列的。」[26] 他最後的結論認爲，所
謂最佳的領導型態， 是隨着不同的情境而異。 他發現低 LPC 的領導
者，在極適切與極不適切的情境中， 都比高 LPC 領導者有較好的成果
表現；反之， 在中度情境適切性時， 高 LPC 領導者（卽較仁慈，具有
包容及體貼之態度）的表現較佳[27]。見圖10—1 （Fig. 10-1 a and b）。

費德勒的聯列模式闡明了另一種的領導策略,也說明在領導訓練時,
除了態度與行爲的修正外， 還有其他途徑可循。其中之一就是訓練領導
者去改變團體工作的環境， 運用這種技巧， 可以重新架構工作環境， 使

---

[26] Fiedler, *A Theory of Leadership Effectiveness*, 同[24], p. 147.

[27] 因此, Fiedler 認爲並沒有一種普遍適用的領導型態。「在最佳情況下，領導者
有實權，工作相當具有結構性，團體可以在指導下進行工作。 而在最不佳情況
下， 團體是分散的， 一定要領導者主動的介入與控制， 才可以保成員繼續工
作。在中度有利的情況下，領導者所面臨的是一個模稜的工作， 或他與成員的
關係薄弱。在這種情況下，一種關係取向，非指導性，樂觀的態度， 可以減低
成員的焦慮或團體內的衝突，可以促使團體更有效率地運作（亦卽， 成員不再
感覺被領導者脅逼，而關懷，富於手腕的領導行爲， 可以使這種情況下的團體
成員更加合作）。同[24]，p. 165.

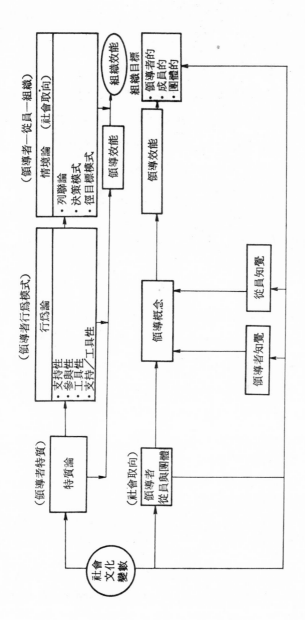

圖10—1　價值、領導、與領導者行為

得領導情境與領導類型彼此間的關係，能夠更加地配合。例如，一位低 LPC 的領導者，他慣於採用控制、管理，及引導的領導型態，可能會希望消滅在一個非結構工作中的不確定性。那麼若運用改變環境的策略，他「首先要做的就是結構化並澄清團體的問題，使得團體走向能讓他更有效運作的境地。」❷反之，對一個高 LPC 領導者而言，當他處在成員關係不良，工作無結構性，而本身的地位權力又低的情況下，最適合他的辦法可能是「設法促進團體中的人際關係」，這樣一來情境就可以改善成更適於他的領導型態❷。

儘管「聯列論」的觀點已經較少學理意味，費德勒模式仍因幾個不同的理由而受到批評。第一，LPC 量表的編訂缺少實證支持， 在後來的研究發現它是頗有問題的❸。第二，領導型態與環境適切性之間的關係是描述性而非實證性的❸。再有，這理論最易受論者攻擊之處，就在於它無法解釋高低 LPC 領導者在不同情境下的相對效能。有趣的是，撇開方法上的弱點不談，這個理論却是具有相當完整的架構。因此，這個模式領導行為，情境因素，以及團體效率間的關係，並未能提供什麼理論上的貢獻。概念上的脫節，部分是由於用 LPC 量表來定義領導行為的可疑性，部分則是由於所謂的情境適切性——它由字面上來看主要

❷ 同上，pp. 184-185.

❷ 同上。

❸ 見 M.G. Evans and J. Dermer, "What Does the Least Preferred Co-worker Scale Really Measure?" *Journal of Applied Psychology*, 59, 1974, pp. 202-206; 亦見於 T. R. Mitchell et al., "The Contingency Model: Criticisms and Suggestions", *Academy of Management Journal*, 13, 1970, pp. 253-268.

❸ 見 G. B. Graen et al., "Contingency Model of Leadership Effectiveness: Antecedent and Evidential Results", *Psychological Bulletin*, 74, 1969, pp. 285-296.

是强調領導的不確定性。後者對於情境不確定性的分析主要是看三個因素：權力地位、工作結構，以及領導者與成員之關係，這樣的分析是分類性而非解釋性的。

第三節　中國之領導假設及研究方向

㈠　美國研究方向：

前面所述的論點都强調美國對領導理論的研究路徑，它多少受制於西方文化主流對這個題目，對特質，或對個人行爲型態的看法。在「特質論」中，這種情形最爲明顯，從定義區分領導者與「一般的」從員之內在及生理特質上，就可以看得出來。在「行爲模式」中，强調領導屬性是可以習得的，只要練習去表現領導者應有的行爲，就可以成爲優秀的領導者。繼而發展出來的「情境模式」，在分析領導行爲時採取了更有彈性的方式，它同時考慮工作環境、工作性質，以及領導者與部屬之間的關係。雖然它兼顧多種影響因素，諸如人際關係、部屬的知覺、態度，以及領導者正式的權力地位等，但這種情境觀點，却對領導理論的推理沒有什麼貢獻。爲了增進個人的領導效能，現在的說法是認爲可以選擇去改變環境本身。

西方的領導理論發展趨勢，明顯可見的是由一個以個人爲中心的分析，朝向更爲「全面性」的研究，因此它不再只考慮到人，同時也考慮了人所處的領導環境，以及他與部屬的關係。這些西方的領導及組織行爲的文獻，有愈來愈多「社會性」取向的趨勢，被認爲是從中國對領導及工作組織實務觀點而來的反響。

㈡　中國研究方向：

中國人對領導的觀點，相反地，是建基於具體化的能力，以及清楚地連結團體之思考，更關心領導者對團體所表現出來的角色。在策略上

說，領導者最重要的是具備一種提供指導，並表現可讓部屬做效之行為模式的能力。西方的領導概念大部分走向個人的管理，而中國人則同時強調領導者個人的管理，以及對團體內外關係的協調。連繫領導者及部屬，使其密不可分的，主要是基於一種道義上的力量。首先，督導的角色就是要明確地向部屬傳達自己的想法，使得部屬可以有所遵循。其次，領導者所欲達成的目標，就是要部屬能對他作個人式的效忠。因此，忠誠是領導者所最關心的一件事。忠誠的概念使得關係中的情感因素之角色益形重要。理論上，個人會支持某位領導者，乃是因為對方是一位正直有義的領袖。強調道義上的契約，指出了它是一位領導者成功與否的決定因素❷。

中國式管理也很注重領導者是否有「視人之明」（對他人動機具有洞察力），以及能否「帶得動」人（影響他人行為），這就使得領導者不僅要關注組織的正式目標，個人的自我需求，同時還得對團體成員有一種關顧愛護之情。因此，領導者是權威擁有者，他對於權威所應表現的行為有其個人的責任，他也必須去督導部屬的所做所為。簡言之，領導者的領導權主要建立在他的優勢地位上，而這種優勢地位大部分是從道德上的觀點而來。「領導者承受很大的壓力，他的角色就是要向部屬明確地傳達自己的想法，使他們能照著去做。理論上而言，只要部屬被『教』得很好，這個團體就會成功。」❸

因此，在這樣一種傳統的中國工作組織觀下，所謂有效能的領導者，只有指那些能掌握團體整體精神的領袖。具體地說，領導就是一種

---

❷ Robert H. Silin, *Leadership and Values: The Organization of Large-scale Taiwanese Enterprises,* Cambridge, Mass.: East Asian Research Centre, Harvard University, 1976, pp. 57-58.

❸ 同上，p. 57.

督導能力，它能灌輸成員間彼此的凝聚力，提供能夠誘發工作滿足感的環境，培養團體內外的溝通風氣，以及透過一致的努力來達成整體的目標。在這樣一種整體性契約的狀況下，理想的領導模範不僅是要完整地維繫團體的發展，同時還要造成一種個別成員都在他照顧之下的氣氛。若從中國式管理的觀點來看管理效能，結果就很成問題，因為這樣的一種契約是柔性的，正如西林（Silin）所指出的：

　　「增加契約及參與程度最主要的文化障礙，就是領導者正式地否認了部屬對團體運作之貢獻的重要性，……因為否認了部屬在團體活動中的貢獻及重要性，管理者也同時消減了其參與及契約感。領導者也許會在發表談話中指出大家同心協力就是成功，這樣的態度與行為都傾向於否定了部屬的重要性。」❸❹

　　在中國文化中，由於對工作組織強調成員以其「整體良心」來訂立契約，因此對管理者來說，最重要的事莫過於確定他在部屬間是被接納的，以及部屬對其判斷與權威的支持知覺。為了達到這個目的，領導者就必須接受為部屬謀求福利的責任，並且對部屬的期待、需求、與假設，都保持高度的敏感性，領導者與其從員之間的影響力是互相的。依中國人的觀點，部屬眼中的好領袖「不僅僅是在技術上合格，且還要具有一種特殊神秘的善解人意的能力。」這種瞭解力使得他能夠為團體的好處而努力，而不會只看重自己的興趣。督導被認為是「部屬行為的塑造者」，「他要透過政令及以身作則來改變部屬的行為。意見與行動的一致就等於合一及成功，這種合一是以上司的方法及想法為基礎的，而要達到這個目標，部屬行為的塑造是其中的一個重要元素。部屬表示他們的忠誠及絕對可靠，這就是領導者所要的成功表現了。」❸❺

---

❸❹　同上，p. 83.
❸❺　同上，pp. 63-64.

　　領導者影響部屬的關鍵就在於個人的可信度，反之，「部屬對上司的影響力，則來自於和上司有頻密，私人性，但在地位上不同等的接觸。那些和上司有接觸的人，透過對上司的瞭解，就產生了影響力。經常的接觸使他能判斷上司的情緒，並且進一步能控制它。那些贏得上司信任的人，就能影響上司分派給自己更大的職責和權力。」❸

　　因此，中國人的領導是一種奇怪的結合體，統整了各種表面看來互相矛盾的元素，其中包括權威和參與，對個人的信服和對法律命令的遵從。

　　關於領導這個題目，中國與西方文獻最大的不同，就在於它有更複雜的內涵，而不只是考慮個人的特性與行為的特質。一致以及關係和諧是個人信賴的必然結果，而這是領導者獲致部屬接納，及有效推展其權威與影響力的要鑰。在這樣的社會狀況下，所謂領導的非直接線索卻是可以辨識的，例如，香港的一個中國管理研究，就認為中國的領導者能認知自我需求❸。在「社會」、「自主」，及「自我實現」三個向度上，中國領導者的需求重要程度反應分數，都較西方領導者為高❸。另一個相關研究，是以一百零二名中國大陸上各工商貿易組織之中級幹部為對象，結果發現，在一個團體情境中，「面子」與「可信賴」是決定領導

❸ 同上，p. 67.

❸ S.G. Redding, "Cognition as an Aspect of Culture and its Relation to Management Processes: An Exploratory view of the Chinese Case", *Journal of Management Studies*, May, 1981. 亦見於 Redding, "Some Perceptions of Psychological Needs and Managers in South-East Asia", in Y. H. Pooringa (ed.), *Basic Problems in Cross-Cultural Psychology*, Amsterdam: Swets and Zeitlinger, 1977.

❸ Redding, "Cognition as an Aspect of Culture and its Relation to Management Processes", 同❸, Table 1, Fig. 3, p. 137.

是否成功的要素，其重要性遠超過以賺錢多少來作爲效標[39]。

最近在香港的一個研究，以電子及電訊工程技術人員爲對象，受試者對其上司及上司表現的評估，再度證明前面所說的，中國人對工作組織中有效領導的觀點。根據對中國技術人員的研究，領導效力（亦即分辨優劣督導者的效標）必須具有兩個明顯的特質。那就是領導者的決策權力——繫於其「管理技巧」與「專業能力」——，及他的人際關係——來自他的開放、接納、包容、可信賴、公平，及他向頂頭上司、其他部門、顧客及其他外人展現部屬的能力。如果部屬對領導者的信心因下列情況而降低，領導就頗成問題了：

(i) 督導的管轄侵入部屬的職業領域，也就是說，督導過於權威，管理的限制過於繁瑣。

(ii) 督導高高在人之上。

(iii) 督導無法在部屬中保持公平及可信，他被發現在職責的分派上假公濟私。從督導的權力地位看，他被認爲是濫用權位對部屬施加不公[40]。

總言之，中國的領導研究橫越了人格、關係，以及環境的諸種考慮，因此較諸西方傳統領導模式的分段性、個人性，以及工具性，中國式的領導概念呈現了更爲整體的面貌。高尙仁教授（Kao）以下列多元向度來總結中國領導觀的特性：

---

[39] S. Gordon Redding an Michael Ng, "The Role of 'Face' in the Organizational Perceptions of Chinese Managers", *Organization Studies*, vol. 3, issue 3, 1982, p. 209; 亦見於 Table 3, p. 211.

[40] Ng Sek Hong, "Technicians in the Hong Kong Electronics and Related Industries: An Emerging Occupation?" unpublished Ph. D. thesis, Faculty of Economics, University of London, 1983, Chapter VIII, pp. 269-273.

(i) 領導者的個人品質迥異於其部屬。

(ii) 領導者要有造福人羣的良心 —— 藉着尋求團體的凝聚、和諧、精益求精及不斷發展。

(iii) 領導者致力於維繫成員間——特別是領導者與部屬間——的合一與信任。

(iv) 領導者及其團體在工作環境中的表現。

(v) 領導的技術與方法，能使成員受教育，被激勵，及受引導❹。

---

❹ Henry Kao, "Tradition and Modernity: Theoretical and Practical Aspects of Leadership and Leadership Behaviour", a paper presented to the *Conference on Chinese Management*, Taipei, April, 1984.

第十一章　組織中之團體行爲

第一節　緒　　論

(一)　**概念：**

爲了助於解釋在工作組織中員工之社會行爲，逐策略性地引介了「團體」這個概念，這是從人際關係的網狀觀點來看顯現於團體中的現象。其中最明顯的就是團體中的同化效應，它是假定個人的態度與行爲會受團體的限制及引導所修正。

霍桑實驗（Hawthorne Experiment）說明了人在工作時需要親和與關愛的那種社會性需求，這是西方工作組織及管理文獻中首度直接關注「團體」的學術性研究。梅約（Mayo）因此指出「在管理上任何持續成功的設施，都不能歸之於單一的工作者，而是與整個工作團體有所關聯的」。每個部門要能持續運作，就須每位員工而一不僅因爲他是掌權者和領導者一都願意表現符合團體固有的職責、規章，甚至儀文，以及接納管理上的成功（或是失敗）❶。

---

❶　Elton Mayo, *The Human (social) Problems of an Industrial Civilization*, Boston: Graduate School of Business Administration, Harvard University, 1946, Chapter 1. Cited in J. A. L. Brown, *The Social Psychology of Industry*, Harmondsworth: Penguin, 1967, p. 78.

霍桑實驗研究者最感興趣的是，大部分工作團體主要是所謂的「原級團體」(primary group) —由一般概念中的「非正式組織」(informal organization)❷ 聚合而成。因此，原級工作團體在概念上一定也存在著類似於非正式組織與正式組織，正式結構，正式團體之間的差異。更廣泛地來看，「團體」可以概念化成「兩個或兩個以上的人，因相關的溝通，共有身份一致的感覺，以及其中一位或多位佔有具正式權力的位置，而有了共同的參與❸。原級團體則也許是在當團體中的個人因人際關係的網路而互相有了相聯時出現的，因此團體中的每一個人，對於每一個『別人』而言，都有了多多少少更為清晰可辨的態度。」❹反之，一個「次級」(Secondary) 或者說是正式的團體，它是建基於組織所欲完成的目標及工作，所以團體中員工的表現及互動只是根據他們的規章法則。非正式原級團體有其正式的情感，且能激發個人的態度、意見、目標及創見；而正式團體通常是一種工具性的結合—也就是說，像一個為了聯絡、合作、溝通或決策等理性目標，而組織起來的功能性委員會。

一個團體，無論是正式或非正式，都有它特定的基本動態，以維繫其合理性以及繼續運作。首先，一個「團體」具有社會助長（social facilitation）的歷程，這也就是說，若在團體中出現了某種符合社會標準的行為，它很快就會具體成形而成為團體常模（norms）❺的一部分。

---

❷ 見，例如 H.A. Landsberger, *Hawthorne Revisited*, Ithaca, N.Y.: Cornell University Press, 1958; W.H. Whyte, *The Organization Man*, Harmondsworth: Penguin, 1960, Chapters 3-5.

❸ David Horton Smith, "A Parsimonious Definition of 'Group': Towards Conceptual Clarity and Scientific Unity", *Sociological Inquiry*, Spring, 1967, p. 141.

❹ Brown, 同❶, p. 125.

❺ 見，例如 R.R. Zajonc and S.M. Sales, "Social Facilitation of Dominant and Subordinate Response", *Journal of Experimental Social Psychology*, 2, 1966, pp. 160-168.

第二，就像在卷首所指出的，團體這個概念以及其維繫，都須要成員間有人際接觸與互動的動態。第三，團體間 (intra-group) 的互動傾向於刺激意見，見識與信念的交換及統整❻。第四個假定是，在團體情境中，個人所要面對的，是比單獨活動時更大程度的冒險以及不確定。

　㈠　工作組織中的團體型態：

　　團體型態是根據連繫每一個團體成員，並賦予他們不同地位的社會活動而定義的，就像前面所說的，定義的標準在於「彼此溝通以及彼此瞭解的可能性」—它的範圍也就描述出了團體的範圍。

　　另外值得注意的是，管理的人際關係思潮維繫了西方的傳統，在工作組織的研究方向，以及將團體分爲正式與非正式兩種上，都可以看得出來。正式團體是由正式權力階層有目的地創設，以期達成或表現特定的工作，而能對整個組織目標有所貢獻。正式團體可能是常設性的，它具有固定的職位，像組織中不同部門的工作單位、工作組織中提供特殊服務的幕僚團體，常設委員會等等。然而，正式團體也可以是暫設或短時期的—像是由於特別事故而暫設的特殊委員會。

　　非正式團體，則恰好相反，它是出現在組織與工作權威正式結構的架構之外。基本上，它是因應人類社會親和力 (social affiliation) 之需求而生的—它是得正式組織特質之助而形成的非正式團體（正式組織的限制諸如：人的物理位置、工作性質、工作時間等等）。就像正式團體一樣，非正式團體也有各種不同的型態。根據戴爾敦 (Dalton) 的說法，工

---

❻　討論團體內以腦力激盪歷程互動的例子，包括 M. D. Dunnette, J. Campbell and K. Jaasted, "The Effect of Group Participation on Brainstorming Effectiveness for Two Industrial Samples", *Journal of Applied Psychology*, 47, 1963, pp. 30-37; T. J. Bouchard and M. Hare, "Size, Performance and Potential in Brainstorming Groups", *Journal of Applied Psychology*, 54, 1970, pp. 51-55.

作團體中最常有的型態便是「水平聯線」(Horizontal clique)，它是員工們、經理們，或組織工作階層中地位約略相等的人們所組成的。反之，「垂直聯線」(vertical clique) 則是由隸屬同一部門的各個不同階層的人們所組成的。因此，當上司與部屬間關係的網路是「垂直聯線」時，其溝通管理就是上下皆可的雙向溝通了。第三種是「混合式」(mixed)或「自由聯線」(random clique)－其中的成員包括由各個階層，各個部門，以及不同的物理位置。這樣的結合多是由於共同的興趣，或是在正式工作階層中某些未滿足的特定功能性需求❼。

第二節　團體功能

　　團體形成及維繫的邏輯，可以根據工具性，心理性，及利他性的功能來分析。從團體對於完成或支持工作完成的貢獻來看，它的工具性功能有❽：

　　（ⅰ）　在一個複雜的，彼此有關連的工作上促成同心合力，這工作是無法分解成為個人個別完成的小單位的。

❼　例如，一羣同事可能因為工作接近而自行有所聯繫，或是一社交性俱樂部的共同會員，或在工作之餘的時間有相同的嗜好興趣可以分享。見　M. Dalton, *Men Who Manage*, New York: Wiley, 1959; 亦見於 Edgar H. Schein, *Organizational Psychology*, Englewood Cliffs, N. J.: Prentice-Hall, 3rd edition, 1980, pp. 148-149.

❽　Argyris 所舉的一個工作者為利他性目標發揮創造力的例子很具啟發性：「在一電子公司內，一羣工作者憤慨老闆經常會隨機地臨檢公司內各部門。他們使用公司設備，做成一個大型具有高度效率的警報系統，在老闆突擊檢查時可以預做警告，以便事先有所準備。老闆從來沒想到這個價值數千元的設備，竟會被設計來提供此種用途。」Schein, 同❼ pp. 151-152. 亦見於 C. Argyris, *Integrating the Individual and the Organization*, New York: Wiley, 1964.

（ii）　刺激以及統整新的意見或創造性的解決方案，特別是在所擁有的訊息破碎及不完整時。

（iii）　達成連繫或協調具有相依功能的數個不同部門。

（iv）　當問題跨越數個部門的職權，特別是在須聯合決策及執行時，團體可用以解決問題。

（v）　在常模，價值觀，行為，以及共處與共同完成工作的教化之下，團體可以使其成員更為社會化。

就心理上的觀點來看，一個團體可以提供其成員在自我（ego），社會，及利他（altruistic）各方面的需求。團體的心理功能有：

（i）　滿足成員的親和（affiliation）需求。（亦即對友誼，支持，與愛的需求）

（ii）　發展、促進、並確定成員的身份感，及維持成員的自尊。

（iii）　建立並考驗現實。透過與團體中其他成員的討論，可以消除在社會環境中的不確定感，而導向分享及合一的發展。

（iv）　幫助成員消除其不安全感、焦慮感，以及無力感—特別是在這個叛逆、病態、及無可預期的環境中。（例如，以特設委員會或聯合性的組織，來協力對抗壟斷、不法、強佔社會資源等現象）。

（v）　透過互惠性的「互相幫忙」，可以幫助成員解決其個人性或私人性的問題。

（vi）　維持一個非正式溝通管道的網路，使得成員可以更迅速地交換其共同興趣的訊息。

上述的這些團體動態歷程中的團體功能，可以再以互動（interaction），溝通（communication），訊息交換，決策，及領導—部屬之影響等次歷程（sub-processes）來加以分析。決策—它需要判斷性的評價—

主要基於訊息意見的交換，以及成員在歷程中均衡地參與。另一方面，領導者影響力須領導者能夠增進且達成成員的期望，藉著完成雙方均可接納的團體目標。團體歷程激發並認定成員的需要，而有賴領導者的意願及能力來統整這些需要。此即為什麼這個團體次歷程會表現出一連串團體間的交涉，和個人與整體目標之協調的原因。其間的區別學者曾經做過很明顯的劃分，例如，赫伯特（Herbert）以「工作性功能」（task function）（在此功能下團體是以朝向完成其工作來定位的），和「維持性功能」（maintenance function）（在此功能下團體得以維繫其整體性、統整性、及其界限）。因此列在第一種團體功能下的活動就是諸如創發（提供一個新意見）；尋求有用訊息（要求考證價值或情感的事實）；澄清（賦予有意義的定義）；總結（回顧）及一致性的考驗。同樣地，團體的維持性功能下也有一些活動，但它們較關注成員情感的和諧；溝通管道的暢通（找人講話、時間及其他資源之派置、界限的標註等）；鼓勵與激發；跟從與順服；及標準（常模）的設定❾。

第三節　團體結構

團體是否能有效地表現出上述功能，與其結構和整體性有密切的關係。結構性地來說，一個團體可以根據數個向度變數來加以檢視。

㈠　團體大小：

合適的團體大小隨著團體的目的、性質、與成分而有所不同。這些因素除外，通常來說團體是愈小愈好。太大的團體會減低成員的參與

---

❾ Theodore T. Herbert, *Dimensions of Organizational Behavior*, New York: Macmillian, 1976, Table 14-1, p. 286. 亦見於 K. D. Benne and H.A. Sheats, "Functional Roles of Group Members", *Journal of Social Issues*, 1948, 4, pp. 42-47.

感，無法達成互相的合一與瞭解，成員們疏離地各自為政，並且爭相要引起領導者的注意，而團體資源也容易告罄。而且，當團體工作是屬於一種從核心傳達訊息的性質時，人數太多在技術上而言也限制了溝通的可能性。因此，根據1960年的哈佛商業回顧(Harvard Business Review)研究，像商業委員會這種正式團體，其平均人數是八人左右❿。一個更近期的（於1973年）有關工業與非工業企業的研究，結果發現：前者公司大小由 3 至28位董事不等（中數為11）；後者則由 5 至36位董事不等（中數為13）⓫。正式團體通常都人數過多，因此傾向於在母團體委任下，設立較低階層的小委員會，來負責某些特別的事項。在這種情形下，較大團體的運作就好像一把協調傘一樣，它負責統整、監管及督察較小團體的活動，並在特定的主題上予以分析、評估、整理。

　㈡　團體成員：

　在團體的概念中，團體一定要有參與其活動的所屬成員。所謂「參與」在邏輯上應該是：

　（ｉ）　功能上而言，成員必須呈現其特有觀點，或提供他們的技術知識，以助於達成團體目標。

　（ii）　就社會性而言，他們必須有所溝通，建立彼此的關係，並且共同分析及解決問題⓬。

　就像腓力等人 (Filley et al.) 所指出的，個人成為工作組織中的一

❿ R. Tillman, Jr., "Problems in Review: Committees on Trial", *Harvard Business Review*, 38, 1960, pp. 6-8.

⓫ J. Bacon, *Corporation Directorship Practices: Membership and Committees of the Board*, The Conference Board, 1973.

⓬ 見 Alan C. Filley, Robert J. House and Steven Kerr, *Managerial Process and Organizational Behavior*, Glenview, Illinois: Scott, Foresman and Comberg, 1976, p. 140.

員，是經由（i）指派，（ii）團體成員的選舉，（iii）非團體成員的選舉，（iv）自願， 或（v）特殊的官方條例所認定的嘉德善行。⓭ 成員加入及參與團體的動機可能是工具性的（例如，為了完成工作，或提高個人地位等外在收益）；內發性為了尋求某種特定成果的實現（例如，為了社會接觸或造福人羣）。當然，成員隸屬於某團體可以帶情感性的，因此也就顯現出團體行為中情感性的一面。考驗團體凝聚力的一個有效指標，可以根據成員對它的接觸（attachment）來判斷：

「……貝克（Back, 1951）根據凝聚力的三個基本元素－團體其他成員之個人吸引力（第二類），團體成員的威望（第一類），和工作成就（第四類）來訂立凝聚性與非凝聚性團體。建立在個人吸引力為基礎上的團體成員，能維持較長且較為愉悅的交談，成員間的意見有高度的相互影響力。那些以威望取向的團體，其成員行動謹慎，只能維持極短的討論，他們也小心地不去干犯別人，以免影響自己的地位。最後，建基於工作成就的團體，成員們能夠迅速有效地完成工作，在與工作有關的題目上維持交談。這三種類型團體成員的相互影響力，皆高過低凝聚力的團體。」⓮

此外，團體缺乏凝聚力，也可能是價值及目標對立，地位不平等，甚至興趣衝突的一羣成員所造成的結果。想要團體功能能夠正常地運作，其先決條件就是必須要有一定程度的團體凝聚力，太過分裂的團體成員會阻礙團體的表現。但從另一方面來看，根據史金（Schein）的看法，也要防備下述情況：「足夠的共同經驗可以締造良好的溝通系統，以及顯出彼此信任的氣氛。這種分享經驗可能是在工作場所中長時間的聚談

⓭　同上。

⓮　同上，p. 141. Also see K. Back, "Influence through Social Communication", *Journal of Abnormal and Social Psychology*, 46, 1951, pp. 9-23.

而來，會鼓舞成員認識彼此一些與工作無關的事件，也可能是經由共同的受訓經驗而來，因此訓練的目的就完全喪失了。」❻

㈢ **領導：**

領導者與其從員間的關係，是影響團體行為及其凝聚力的重要因素。梅麗（Merel）以兒童為受試，研究在團體傳統與常模下的領導，她觀察到：

（ i ） 幾乎毫無例外地，團體總是兼併了領導者，强迫領導者附隨其傳統。領導者的意願無法得到滿足，除非它是符合傳統的。

（ii） 即使領導者接受了團體的傳統，他仍會企圖想辦法來影響及改變傳統。一個極端是：一個特別强勢的團體，想完全同化其領導者，致使他寧願放棄領導地位；另一極端是：一名女孩子作領導者時，以專制手法即刻打破了傳統。在這兩極端間，一個團體情境裏有三種類型的領導行為❻：

a)發號施令者 (The order giver)： 這種領導者完全被其從員所忽視及孤立，他要即刻地改變成員行為，以期能符合團體常模。他這麼做是為了要贏得接納，以及表現領導者的角色—他成功了，而且完全不損及團體的傳統。

b)擁有者 (proprietors)：這種人宣稱自己對一切物件的擁有權，或者可以管轄每一個成員，但他在洞察或控制團體方面却都沒有成功。團體傳統仍在且勢力猶强。這些領導者看起來像是壓倒一切，但其實却在不知不覺中被傳統同化了。

---

❻ Schein, 同❼ p. 156.

❻ F. Merel, "Group Leadership and Institutionalization", *Human Relations*, 2, 1949, pp. 23-39.

c)外交家 (diplomats)：這種領導者表面上接受了團體的傳統，事實上卻是為了便於改變它們——藉由不被察覺的塑造及操弄之外交手腕。

很明顯地，在各種情境之下，無論領導者或團體都不會佔有絕對的強勢，而當一個有其自身常模的穩定團體有了一個新的領導者時，情況就非常複雜了。經常有的情況是，管理者從領袖訓練課程中帶回來的那一套，所謂新的領導風格，並不適合於聘用團體固有常模的期待。在這樣的案例中，領導者就面臨學習新行為型態的壓力，因為無論對他或他的團體而言，新行為都較可能被支持及增強[17]。有關領導者在促進團體完成工作之效率，以及成員彼此間社會助長的策略性角色方面，可以閱讀前一章有關「領導」的詳述。

簡要地摘述前面的討論，西方研究小團體背景下的領導角色，經常都針對團體中工作性與社會性需求的分別。貝爾斯等人 (Bales et al.) 就提出了團體行為類別在工具(或工作)性及社會情感（或情感）性方面的差異[18]，如圖11—1(Fig. 11-1) 所見，可以顯示出一個分類類別來。在兩極之中，工具性領導者佔有其中「最佳意見」 (best ideas) 之一極；而情感性領導者則佔有「最受歡迎」(best liked) 之另一極。俄亥俄州立大學的研究者提出了類似的架構，他們分別了「體貼」 (consideration)(指領導者對團體成員的友誼，對團體福利的關注，以及對成員本來面目的尊重) 和「主動結構」(initiating structure) （領導者在設計工作分派，評估工作品質，及建立結構化環境上的作為） 兩者之間的

[17] Schein, 同[7] pp. 160-161. 亦見於 Z.A. Fleishman, "Leadership Climate, Human Relations Training, and Supervisory Behavior", *Personal Psychology*, 6, 1953, pp. 205-222.

[18] R.F. Bales, *Interaction Process Analysis*, Addison-Wesley, 1957.

差異❿。根據這樣的研究方向，布萊克 (Blake) 與冒敦 (Mouton) 發展出一套「管理柵格」(Managerial Grids) 模式，用以描述管理風格，及其在雙向度平面上的差異❷。雙向度中一個向度是測量「對人的關心」，而另一個向度則是描述「對工作的關心」，所以它的會合點 (9.9) 就是一種最理想的狀態，其領導者旣關心團體中的工作，亦關心團體中的人。換言之，這些研究結果認爲可以結合領導者在團體中工作 (task) 及維繫 (maintenance) 性的角色，而這種結合却被主張在工作組織背景下有正式及非正式領導者之分的懷疑論者，視爲荒誕不經的❷。但相反地，它却受其他的研究者——諸如桑里斯尼克 (Zaleznik) 和莫門 (Moment)——所深以爲然❷，弗里斯曼 (Fleishman) 和哈里斯 (Harris)❷，柏根塔 (Borgatta) 和考屈 (Couch)❷ 亦都屬於

❿ 見，例如 R.M. Stogdill and A. Coons (eds), *Leader Behavior: Its Description and Measurement*, Monograph No. 88, Bureau of Business Research, the Ohio State University, 1957.

❷ R.R. Blake and J.S. Mouton, *The Managerial Grid*, Gulf, 1964.

❷ 見，例如 Bales, 同❶ P.Z. Slater, "Role Differentiation in Small Groups", in A.P. Hare, Z.F. Borgatta and R.F. Bales (eds.) *In Small Groups: Studies in Social Interaction*, Knopf, 1955.

❷ 「星形」(Star) 領導者 (具有好意見與好氣質)，與「技術型」(technical specialist) 領導者 (具有好意見而無好氣質)，「社會型」(Social) 領導者 (具有好氣質而無好意見)，及「未選擇」(unchosen) 領導者不同。見 A. Zaleznik and D. Moment, *The Dynamics of Interpersonal Behavior*, New York: Wiley, 1964.

❷ Z.A. Fleishman and Z.F. Harris, "Patterns of Leadership Behavior Related to Employee Grievances and Turnover", *Personnel Psychology*, 15, 1962, pp. 43-56.

❷ 因此，「大人物」領導者會被選爲領導者，乃是基於他實際上有高度工作能力，個人自信，以及社會接納性，E.F. Borgatta et al., "Some Findings Relevant to the 'Great Man' Theory of Leaderships, *American Sociological Review*, 19, 1954, pp. 755-759.

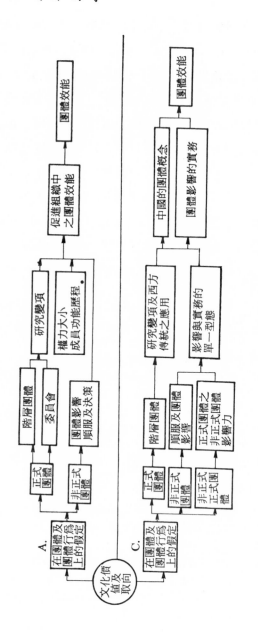

圖11—1 價值、團體及組織中之團體行為

此派，他們認爲一個領導者可以一身兼有工作取向和關係取向兩種迥然不同的特質。

　　㈣　**其他結構因素：**

　　團體的形成、存續、及表現，還受到許多其他結構性因素的影響與限制，例如團體的物理位置，其工作性質，團體的持久性或其所持續的時間，團體領導者被認可的型態，成員彼此互動的時間，及其角色結構化的程度。

　　這些考慮要視工作性質、技術，及環境所給予團體不同的塑造而定。例如，組織一個團體可以是功能式的（將一羣技術背景相同的人聚合起來，使他們在單一的命令下行事）；也可以是方案式的（將具有不同技術背景的人聚在一起，由一位領導者統籌其職）。在後例中，方案本身就成爲鼓舞專家們聚在一起去完成工作挑戰的動力。根據艾倫（Allen）的說法，所謂合宜的團體結構，絕大部分要視其技術層面而定。在快速變化的技術下，團體組織的功能式形式是較有效率的，因爲它可以讓工作者在自己的技術領域內有較密切的接觸（容易嫻熟）。反之，如果工作技術相當穩定——例如行政上的常務—則團體愈具有穩定的組織結構愈可能表現良好，因爲它可以有更大的控制性及可預測性。因此，艾倫總結論是：對於長期方案或迅速變化的技術而言，功能式組織較方案式組織爲佳；但對於短期方案或改變緩慢的技術而言，則適如其反❷❺。

　　另一方面，除了技術本身之外，其他的環境或背景因素，也可能成爲團體及其發展的關鍵性影響。在這方面的一個重要變數是管理假設上的取向。一個採取「社會需求」假定，充滿「人際關係」思潮的組織，

---

❷❺　T. J. Allen, *Managing the Flow of Technology*, Cambridge, Mass.: M. T. Press, 1977, 亦見於 Schein, 同❼, pp. 161-162.

會鼓勵及帶動團體本身的成員，但與工作表現則不一定有直接的關係。所以在工作組織的生產需求之外，又擴展出各種不同的社會團體——例如體育協會、踏青會，以及其他的休閒團體。「這樣的團體無須統整其正式與非正式的團體力量，因為它並非以工作功能為其首位」❷。反之，「心理上有意義的」團體可能會顯現出符合管理理論中Ｙ理論的「自我實現」假定。在「理性的」工作組織中會有出現這種不一致組織的傾向，它強調個人的表達，不在乎整體的合一，這是在穩定的團體中不可能有的現象❷。

第四節　團體凝聚力

　　團體成員的特質，以及其同質性的程度，強烈地影響在團體內的凝聚力。回顧一系列探討團體間競爭，成員滿足感，及團體生產力的實證研究之後，海爾（Hare）結論道「被鼓勵彼此合作的團體成員，對其他成員表現出較為正面的反應，較投入工作，對工作也較有滿足感」❷。根據研究報告指出，團體內的合諧可以促成 (i) 個人有較強的完成團體工作的動機；(ii) 彼此有更強的義務感；(iii) 更精密的分工以及更良好的合作；(iv) 團體間的溝通更有效率；(v) 更同心合意，成員間滿足感更強；(vi) 增加生產量。雖然大多數研究都認為團體凝聚力與工作表現之間有正相關❷，西夏爾（Seashore）却在其研究中提出了修

❷　Schein, 同❼, p. 154.

❷　同上, pp. 154-155.

❷　A.P. Hare, *Handbook of Small Group Research*, Free Press, 1962, p. 254.

❷　見, 例如 D. M. Goodacre III, "The use of a Sociometric Test as a Predictor of Combat Unit Effectiveness", *Sociometry*, 14, 1951, pp. 148-152; H.H. Strupp and H.J. Hausman, "Some Correlates of Group Productivity", *American Psychologist*, 8, 1953, pp. 443-444.

正,他認為團體凝聚力與高產量或低產量都有關聯——端視團體本身的目標而定。這是因為凝聚力高的團體具有緊密固守其常模的傾向,而其常模可能包括高或低的成就標準——所以一個團結一致的團體以其低產量常模來對抗其組織目標,似乎也是言之成理❸。

成員同質性程度與團體生產量之間的關係,也存在著同樣的問題。根據常識從表面上看,同質性愈高的團體其表現應該愈好—史庫斯(Schutz)及其他許多學者的研究也是持這樣的看法❸。然而,團體同質性與生產量之間並非一成不變地存在著正相關。例如,霍夫曼(Hoffman)發現,比較異質性及同質性團體,發現前者在解決須考慮廣泛意見之問題時,其工作素質較後者為高❸。慈勒(Ziller)在他的「飛機乘員」(Air Force Crews)研究中,也得到類似的結論❸。當一個團體的同質性以及凝聚力過高時,就會產生像詹尼斯(Janis)及曼恩(Mann)所描述的諸多「團體思考」(group think)的現象: 與其他團體孤立,發展出想像中的自我滿足,刻板模式,自我辯解,自高自大等❸。

❸ S. E. Seashore, *Group Cohesiveness in the Industrial Work Group*, University of Michigan Press, 1954.

❸ W.C. Schultz and V.L. Allen, The effects of a T-group laboratory on interpersonal behaviour. *Journal of Applied Behavioural Science*, 2(1966): 256-286.

❸ L.R. Hoffman, "Homogeneity of Member Personality and its Effect on Group Problem-Solving", *Journal of Abnormal and Social Psychology*, 58, 1959, pp. 27-32.

❸ R.C. Ziller, "Scales of Judgement: A Determinant of Accuracy of Group Decisions", *Human Relations*, 9, 1955, pp. 153-164.

❸ I.L. Janis and L. Mann, *Decision Making*, New York: Free Press, 1977.

第五節　團體行為之東方模式

(一)　**團體的概念：**

西方傳統中注意「人的關係」(Human Relations)，因此在工作組織團體關係的研究中，也特別強調個人自我中的社會性需求。反之，在東方社會中，由於血緣宗族的緊密交織，因此工作組織中對團體較採取一種「整體」(holistic)概念。就像法蘭西斯 (Francis Hsu) 所觀察的：

> 「中國人藉著聘用所有從嬰孩時代所認識的人，而有了很親近的關係，他們很容易就滿足了人際關係中的親密需求。因此他有點不自主地感覺到要去擴展對於物質世界的控制，因爲從原級團體中的呼風喚雨，他可以感到自己的重要性及目的的可以達成。透過那些尊重、跟從他的人，他顯得很重要。他的目的性本身可以永存不朽，因爲血緣的關係及其附帶的責任義務是代代不止的。」❸❺

同樣地，日本文化思潮也是強調集體主義，「團體」是企業組織的標準及根本——也許在比較上比中國文化更爲明顯。日本血緣團體中的成員 (稱爲 dozoku) 很像中國的幫會系統 (tsu)。長久以來，這種特殊的團體遍佈在這個東方社會的經濟及社會生活中。 例如，日本的 dozoku 表現出一種「類似家族一般，以主幹與分枝連繫彼此的關係，而在這樣的關係基礎下，發展出像團體似的功能來」❸❻。 就像胡氏 (Hsu) 所說的，日本與中國文化中次級團體的特質是親密的，而他們的附隨行爲「傾向於接受強烈的影響，卽使並非決定性的影響，而他們之所以會被聘

---

❸❺　Francis L.K. Hsu, *Americans and Chinese*, London: The Cresset Press, p. 298.

❸❻　Chie Nakane, *Kinship and Economic Organization in Rural Japan*, Cambridge, Mass.: Schenkman Publishing Co., 1975, p. 59.

用，多是基於某種血緣關係」❸ 。

在傳統日本社會中「團體」的標準特性，反映出他們所發展出來的一種「原級」同等於「次級」團體的概念。根據胡氏的說法，dozoku是佔強勢的原級團體，它是一種由一個主幹與數個分枝所組成的團體。分枝附屬於主幹，而且一般是由血緣關係來聯繫的（例如，血親或姻親關係），然而這種情況也並非千篇一變的。這種「原級團體」網絡有極高的地域性，若離開 dozoku，其分枝或成員的身份也就終止了。

另一方面，日本的「iemoto」概念意指手工或其他技藝的組織——例如製陶、挿花、書法、民族音樂，以及柔道。在日本「iemoto」普及成爲次級團體的一種特殊型態，爲何會如此呢？胡氏觀察道：

「首先，iemoto 是在日本城市中普及，而今日日本有百分之七十的人口是住在城市中。其次，與 dozoku 不同的，iemoto 與地緣無關，因此，它可以無限地擴展，亦可以不斷增加多樣性的目標，以因應現代社會與文化中不斷增加的複雜性。第三，………iemoto 不僅僅是一個組織，它還代表一種生活的方式，一種日本男女看自己及環繞身周世界的結構，一種解決問題的要鑰，一幅處理內在不安與外在壓力的地圖。…… iemoto 型態甚至也普及於一些其他不同的次級團體中，例如簡單工作坊、大企業、政府機關……或現代大學……有著奇怪儀式的古老神廟等。」❸

因此，日本文化的團體精神是「互相倚靠而無個人主義」。對中國人而言，這樣的一種集體主義可以在原級的血緣關係親密性中找到。但是，日本社會在次級團體中也出現集體思潮，iemoto 的流行則是基於

---

❸ Francis Hsu, *Iemoto: The Heart of Japan*, Cambridge, Mass.: Schenkman Publishing Co., 1975, p. 59.

❸ 同上，p. x.

一種稱之爲「血緣系統」(kin-track) 的團結原則。 這是一種「固定且
無可更動的階級安排，人們自願地進入一個團體中，爲了共同的目標，
在共同的意識型態下，隨從共同的行爲準則 。……它部分是基於血緣模
式，因此，一旦固定之後，其階層關係幾乎就是永久的；而它也部分基
於契約 (contract) 模式……」**❸⑨**。

因此， iemoto 組織普及於日本社會生活中， 教化人們自願地進入
團體結構及經濟組織的階層概念中。 iemoto 系統的功能，是透過在不
同階層中，有愈來愈多固守「首領—門徒」(master-disciple) 模式的門
徒，來擴展「血緣關係」(blood relationship)**❹⓿**。有了團體自治主義的
思潮，互相幫助的互惠關係也在 habatsu 團體中出現。「當一位成員(或
門徒) 需要練習或有什麼公共表現的機會時， iemoto 的其他成員有責
任協力去幫助他……。」**❹①**

(一) **工作組織中的團體行爲：**

大內(Ouchi) 曾在他的 Z 理論模式中談到，在東方企業組織較爲整
合的工作階層中，團體或小組的概念是其中最主要的柱石。Z 類型的公
司特性是「整體組織」(wholistic organizations)，其中的決策過程通常
是集體的、共同的、參與式的。但是， 個人對他責任領域內的決策，仍
要負最終的責任。這個看來很明顯的矛盾**❹②**——亦卽團體決策與個人責
任的結合—根據大內的看法， 只有靠企業組織成員彼此間高度的信任，

---

❸⑨ 同上，p. 62.

❹⓿ 同上，p. 64.

❹① 同上，pp. 65-66.

❹② 因此這種兩相情願的歷程，是異於西方價值的， 因爲它表示「在團體中的成員
可能會被要求接受一個決定的責任，但事先却毫無準備， 而是團體在公開完全
的討論後所定的。William G. Ouchi, *Theory Z*, New York: Avon Books,
1981, p. 67.

才有可能消解。這種信任，具有深植於團體思潮之幫會型態的長久性以及利他性元素，因此，東方的工作態度，與西方瀰漫市場制度及官僚化的個人主義，是完全不同的。其主要假定在於「共同的」回憶以及穩定的成員。「Z類型組織比較市場或官僚制，更給人一種像是幫會的感覺，他們的成員在工作與社會生活間有著密切的交換。」❹「幫會與階級和市場都有所不同，……比較上，當採小組工作及改變個人成就幾乎完全不明顯時，幫會是成功的。這時候，由共同目標及運作方法所支持的常設委員會，就能發揮公正的平衡力量。」❹

因此，在這種Z類型組織概念下繁衍出來的東方工作企業取向，就十分強調個人連於團體的一致及團結。西方工作組織則完全相反，團體的支持性角色是為了要使個人得到自我的滿足，而領導者則要負責維繫團體的向心力。東方文化認為「集體良心」(collective conscience) 的結合是理所當然且必須賦予的；而西方對團體的理論則完全不以為然。因此，西方團體的團結與穩固，就要視成員目標是否一致而定。「個人彼此互相倚靠，在工作關係中有長期性的契約，能夠一起工作得很好，就形成具有凝聚力的團體，並且自然地能夠一起來解決必須面對的問題。」❹結果，決策的自然參與，就能導致組織一致的成就——儘管「集體」文化鼓勵企業員工有長期契約，但「同事」(co-worker) 之間，也能有更為團結的「同僚關係」(colleagial relationships)。與西方文化傳統的工作官僚制比較，Z類型員工可以與同事發展出更廣的關係型態……在Z類型公司中，員工對別人認識較多，談話的主題較為多樣性，亦從事較大範圍的與工作有關的活動……Z類型公司的員工情緒狀態較為良好

---

❹　同上，p. 72.

❹　同上，pp. 70-71.

❹　同上，p. 175.

……無論就社會性或經濟性而言，Z類型公司都堪稱是較爲成功的❻。

---

❻ 同上，pp. 182-183.

第十二章　團體關係及衝突

第一節　緒　　論

(一) **概念：**

衝突可以看成是互動型態的一種，或許起因於興趣、知覺、或喜好的差異。外在的衝突引起對手間競爭或對立的爭戰——它的範圍從輕微的不同意，不同程度的爭執，一直到完全的對立。儘管它可能會帶來「緊張」、「對立」、「不合諧」等負面的結果，但「衝突」在定義團體意義，維持團體界限，及保持組織的穩定與常規各方面，都有其正面的功能❶。因此，正如柯塞（Coser）所說的：

「……衝突，除帶來擾亂不安之外，其實它更是一種平衡的方法，是維繫社會所不可或缺的。……一個有彈性的社會能夠從衝突中獲益，因為這樣的行為，有助於創造及修改常模，確保團體在變遷的情況下亦能持續下去。」❷

---

❶ 見，例如 G. Sorel and G. Simmel, *Reflections on Violence*, Collier, 1961; *Conflict*, Glencoe, Illinois: Free Press, 1955.

❷ L.A. Coser, *The Functions of Social Conflict*, London: Routledge and Kegan Paul, 1956, p. 137 and p. 154.

(二) **組織中之衝突：**

組織中的衝突似乎在形式上是不斷分裂增殖，而其運作上有三個層次：個人 (personal)、組織 (organizational)、組織間 (inter-organizational)。舉例而言，角色衝突就是一種發生在個人層次的衝突，乃是因為個人同時面對數種衝突的意願、價值、標準，以及角色期待。這樣一種「個人內」(intrapersonal) 的衝突可能是認知上、情緒上，或甚至當事人也不瞭解的潛意識中的。

另一方面，衝突亦可能發生在組織的層次。最常見的形式就是工作組織中因三方面而來的團體間衝突：功能上的不同，權力上的不同，以及歷史上的不同。團體間的衝突又可以不同的層次表現出來。「在一個團體中 (within a group)，與另一團體的衝突會導致團體凝聚力增加，愈加服從團體常模，且以『我們』和『他們』的觀點來看一切事物。同樣地，在團體間的衝突 (between-groups) 會導致負面的刻板印象，不信任，強調團體間的差異，減少溝通，以及增加扭曲的溝通等等。負面刻板印象，不信任，互相爭鬥，以及攻擊行動的結合，就造成了一個惡性循環：其中一個團體的『防衛性』攻擊會導致另一團體的猜疑及『防衛』，而這種衝突會一直持續到有外來因素的介入為止」❸。

組織間的衝突也和同一組織內各單位或部門的衝突類似，是由各方面的差異所引起的。這些分歧可能來自於資源方面的競爭，爭權奪勢，或甚至理念或社會上的不同。事實上，團體間的競爭或衝突很少會造成社會的失控。一個互相增強的社會機制網絡(政治、經濟、地理、教育)

---

❸ Dave Brown, "Managing Conflict among Groups", in David A. Kolb et al. (eds.), *Organizational Psychology: Readings on Human Behavior in Organizations*, Englewood Cliff, N.J.: Prentice-Hall 1984, 4th edition, pp. 227-228.

能夠將這種差異制度化。在組織間的社會衝突需要小心的管理，如此才能夠在同一時間內容許足夠的外在衝突，却又不致造成惡化的或非正當的分裂。

　　(三)　**衝突：態度、行爲、結構**

　　在組織背景內的衝突可以依據態度、行爲、及結構來加以分析——這三個變項皆很明顯地影響衝突的結果。態度，意指團體及團體成員對本團體和其他團體的定位（orientations），也就是他們對團體相互關係的瞭解，及團體中情感與印象的質素。行爲，從另一方面而言，則包括團體及其成員的活動方式，它或許可以描述爲「團體內凝聚與服從的程度，團體所表現的行動策略，團體間可以稱之爲衝突或合作的互動。」相反地，結構是一種潛在的因素，它長期地影響着互動——「一個較大系統中包含許多部分，結構性機制就聯結這些部分，包括團體界閾，長期興趣，以及規律的背景，它們都會影響到互動」❹。一個團體發生衝突的可能性，是決定於態度、行爲、與結構，見圖 12—1 （Fig. 12-1）之分析。

　　(四)　**衝突之歷程鍊：**

　　根據龐蒂（Pondy）的說法，「衝突」的研究可以從「歷程」觀點着手，這樣的一種分析架構將「衝突」分爲下列幾個階段：(i) 先前狀態；(ii) 知覺衝突；(iii) 感覺衝突；(iv) 顯明衝突；(v) 解決或壓抑衝突；(vi) 解決餘波❺。

　　廣括地說，導致爆發衝突的先前狀態包括：

---

❹　同上 pp. 230-231.

❺　Louis R. Pondy, "Organizational Conflict: Concepts and Models", *Administrative Science Quarterly,* Vol. 12, No. 2, September 1967, pp. 296-320.

（ⅰ）　角色不清楚——例如，對他人或自身行爲的期望模糊；

（ⅱ）　爭取少量資源——例如，對固定或稀少的資源產生競爭，並防止他人來分享；

（ⅲ）　疏離機制——與厘定各團體之界閾有關；

（ⅳ）　合一機制——例如，較大的單位意欲統合較小的單位，因而發生衝突。

另一方面，「知覺衝突」（perceived conflict）則具有先前狀態所沒有的緊張與對立，這情形發生在雙方誤解了彼此的地位，或彼此適應的立足點是基於不完足、有限制、或錯誤的訊息時。開始的衝突知覺可能導致發展出逃避機制或者是消除衝突。事實上，我們的社會傾向於在不同的社會生活領域裏，發展出不同的化解或解決衝突的制度化機制來。（例如，在工作場所有安撫、仲裁的安排，以及訴怨的程序等）。

「感覺衝突」（felt conflict）則是欲改變客觀狀態，及其與潛在衝突結果間之關係的感覺與態度。此時雙方應當重合作甚於競爭，並且相信彼此可獲致不同的成功，而不一定是你存我亡的局面；而連繫雙方的重要力量就是「信任」，它會在分享訊息及分享影響力的意願中表現出來。

「解決或壓抑衝突」則是指減低或散發這種衝突的機制。因此，衝突可能會藉由安撫與妥協，權威壓制，及第三者的居間調停等而獲致解決。但是，衝突解決後仍然後遺有一種「餘波」（aftermath）狀態，會影響到雙方未來的關係，及對彼此的態度。當一方贏而另一方輸時，輸的一方可能會採取敵對的態度，或是有自我貶損的感覺。在妥協的情況下，雙方都會認爲自己所失較所得爲多。無論如何，衝突是透過問題解決的方法解決了，而對於所爭執的問題，可能會鼓勵再建立起信任及契約。

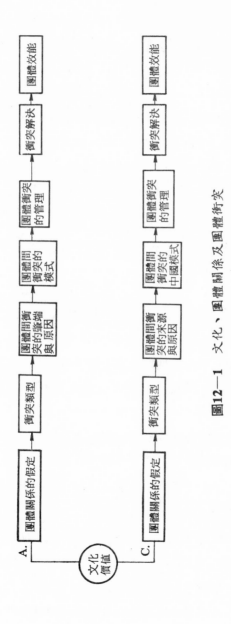

圖12—1　文化、團體關係及團體衝突

「衝突」的處理可能要視爭執者的個人風格或行爲特質而有所不同。這些個人風格可以用兩個向度來加以描述:第一是個人維護自身之需求、目標,或價值的意願; 第二是個人去符合對方需求及與對方合作的意願。第一個向度是自我取向 (self-oriented), 相對於第二個向度是關係取向 (relationship-oriented), 向度變項不同程度的連結就造成不同風格的衝突行爲。例如, 在一個極端是: 極力尋求達成自身的目標, 斷然的行動完全忽略了他人的需求, 結果就使對手遭到打擊。 反之, 一個對於自身需求不採取斷然手段, 及願意維繫關係的人, 對他人會有更融洽的態度。

第二節　衝突的形式

挫折 (frustration) 是衝突最簡單的形式, 它發生於個人獲致目標的能力被一個障礙物所阻隔或傷害,一個受激勵個體的正常反應應該是試圖超越這個障礙。一般處理挫折的方法包括:

(ⅰ) 「實際上或象徵性地攻擊障礙物本身」。在工作情境中, 將衝突轉化成爲攻擊的方式,也許就是對權威符號的直接反抗,例如對督導, 或是對其他管理階層的反抗。

(ⅱ) 「當實際障礙在物理、心理,或社會上都堅攻不破時, 攻擊可能就變成袖手旁觀 (「替代性攻擊」≪displaced aggression≫)」。一般而言, 像這樣的行爲不能稱爲適應性行爲, 它也很難去適應或解決問題。

(ⅲ) 「在挫折狀況下, 行爲可能會回轉到早期的, 較不適應性的行爲模式中; 而它可能會出現在與衝突事件無關的領域中, 形成一種廣泛性的惡化。」

(ⅳ) 「挫折可能會造成極端固着或非適應性的行爲,特別是在它

　　帶來或伴隨懲罰的時候猶然，即使在障礙物已經除去，而目標直接可致的時候，這種行爲亦依然持續。」

（ｖ）　「有時太長或太強的攻擊會導致逃避，而不是向目標迎戰。當生存也成爲危機時——有時會更甚於此—人們可能會放棄而離開情境，不管是在物理上或心理上地。」❻

　　另外一種常見的衝突形式是來自於分歧或目標的不一致。當雙方目標是競爭性或互不兩立時，一方的所得可能就會排除了另一方達成目標的機會。目標的衝突包括下列這幾種：

（ｉ）　雙趨衝突（approach-approach conflict）——意指要在兩個皆具吸引力，却又互斥的目標之間，做一個選擇。

（ii）　趨避衝突（approach-avoidance conflict）——目標同時具有正面以及負面的特質，因此個體處於衝突而曖昧難決的狀態中。一種自我維持「衝突」的平衡狀況可能會成爲必然結果，若「……在某個距離內（就時間或空間而言），特定組織目標的正面特質較負面特質强且明顯。從另一方面而言，當一個人接近目標時，負面特質可能就會愈加清楚，致令他猶疑或者是裹足不前。」❼一種不做決定的認知狀態佔了優勢，此時這人的行爲就游移在某一點上，這一點是接近但又並不太接近目標：在相當距離內去接近目標的傾向佔了優勢，而接近目標後逃離的傾向又强了起來。」❽

❻　Bernard Berelson and Gary A. Steiner, *Human Behaviour: An Inventory of Scientific Findings*, New York: Harcourt, Brace and World, 1964, p. 267; p. 270 and p. 271.

❼　Fred Luthans, *Organizational Behavior, A Modern Behavioral Approach to Management*, New York: McGraw-Hill, 1973, pp. 468-469.

❽　Berelson and Steiner, 同❻ p. 272.

（iii）　雙避衝突（avoidance-avoidance conflict）——它基本上是在
兩個皆非可欲而又互斥的目標或情況中，非選擇其中之一不
可的困境，這樣的情境充滿壓力與焦慮。「當個體在雙避衝
突的情境中做了一個選擇之後，他愈接近這個抉擇就愈感受
到它的負面特質，而愈覺得寧取另一抉擇。」❾

衝突的第三種形式是赫伯特（ Herbert ）所描述的「組織情境」（
organizational situation）內的「制度化」（institutionalized）衝突，它
是正式組織與技術歷程的結果。一般而言，這種形式的衝突，會被組織
中各種為管理衝突而設的，規範或整合機制所調解。因此，一個企業組
織可能會有下列幾種的內在衝突：（i）為組織的酬賞而互相競爭；（ii）
階級上的不平等；（iii）功能上（部門之間）的衝突，包括直屬與幕僚
（line-and-staff）間的緊張關係。

當非正式團體發展出與組織正式系統歧異之常模型態時，衝突就顯
現出來了。「非正式的組織，像是一個團體，有它特定的目標，環繞着
這些目標，就表現出受其常模及價值觀所保護的團體型態來。支持團體
目標的非正式期望與正式期望有着極大的不同，而所謂正式期望着重於
獲致經濟上的目標。」❿

此外，在工作環境中常有的另一種衝突形式，與地位之不平等有
關，最常見的是「直屬——幕僚」關係上的問題。直屬工作線上的人員
常會對幕僚人員感到忌諱、猜疑，甚至厭惡；而「幕僚」的介入也經常
會干犯到前者的特權。

在以員工與雇主關係的角度，來分類工作組織中衝突類型的研究方

---

❾ Theodore T. Herbert, *Dimensions of Organizational Behavior*, New York: Macmillan Publishing, 1976, p. 350.

❿ 同上，p. 353.

向中，福克斯 (Fox) 提出了一個可比較但又有所差異的分類系統。

在這個系統中，第一類衝突可說是只涉及個人的，最可能發生在管理階層中，爲權力或地位而引起的爭執。「第二類衝突則起因於管理者，以及另一個不在集體之中的低階層參與人員（可稱爲叛逆者）之間的爭執」，通常是爲了有人想匡正弊害而引起的。第三類衝突則是由一個集體（例如，一個貿易協會或一個幕僚團體），或集體成員中的某一位，與其管理者或管理團體之間的爭執所引起的。第四類則是一個集體與諸如職業權力、聯會成員 (union membership)，或聯會裁決等課題之間意見的不一致。

第三節　解決衝突

衝突之解決與管理有許多不同的方向與方法，赫伯特 (Herbert) 曾將之加以分類：(i) 問題解決 (problem solving)；(ii) 超越的目標 (superordinate goals)；(iii) 資源擴充；(iv) 逃避；(v) 撫平 (smoothing)；(vi) 協調；(vii) 權威命令；及 (viii) 人與（或）結構變數的修正。

問題解決與再設定超越性的目標，是一種技術性的解決衝突的方法，它須要爭執的雙方有投入的意願。當爭執的主題既非功能性，亦非實質性，而是環繞在以參與者的錯誤概念或誤解爲焦點的問題上時，解決問題最好的方法就是做問題的反省以及透徹的分析。藉着幫助雙方澄清事實，廓清意義，探究彼此的感情與氣氛，這樣的一種技術可以促進雙方的瞭解，並有助於消減或解決衝突。從另一方面看，問題解決也與對立雙方無法掌握價值系統上的基本差異有關。

一個實體內的外在衝突可能會被壓制或和解，爭執的團體們也可以再訂立一個超越目前狹隘範圍的目標。故此，這些超越性的目標就可以

越過其他目標，而將爭執的雙方分隔開來。因爲這些目標遠超過任何單一團體尋求其自身資源之小目標，它須要兩三個團體相依相成，以達成超越性目標。

從另一方面來看，擴充資源的技術因爲天生受限於資源的有限，因此它的說服力也有限。這種方法是工具性的，或可改良在資源分配性上的衝突。

當衝突無法立時解決時，一個適應這種分歧之不確定狀態的方法便是逃避。當然，逃避並不代表衝突已經有效地解決了，或是問題永遠不再出現了，它只是一種藉以包容或擱置問題的技術。衝突的一方或雙方可能採取這種方法，由衝突中退出，或是躲避這種對立性。或許，問題也可能藉目標替代的方法得以解決——將目標重新定義，或代之以一個較少分歧性的目標。

撫平技術則是另一種方式，它可用於當衝突的雙方，選擇要提高彼此一致性的觀點，而不是壓制或逃避其差異時。一個可以共同掌握的目標，或許可以促進對立者的合作，與一起工作的能力。然而，和使用「逃避」方法類似的是，撫平並未能挪去衝突的基本原因，它最好只是一種暫時性的策略。

另外一個在多元化社會中較爲熟悉的解決「衝突」的方法便是「協調」(compromise)，它須在爭執的雙方中有一個交涉過程的介入。協調必須要雙方的讓步，須交涉雙方皆甘於自身的地位，因最後的決定可能對雙方都不是最「完美」的解決方法。在一個協調情境中，影響結果最重要的關鍵因素就是「權力」(power)這個變數，當其中一方比其對手強時，前者可能就會以命令語氣來進行協調，造成一種不平衡的狀況。另外，有時權力的差異是與協調之雙方無關的，如高層權力仲裁者的介入即爲一例。因此，在一個組織背景中，對立的雙方可能會經由其共同

的上司，做了一個決定之後而解除了衝突。這樣一種以權威命令形式而下的裁判，通常都會爲組織成員所接受，因爲它是來自更高的階層。

　　儘管有上述多種解決衝突的方法，但解決組織衝突還有一種更基本的方法，那就是設計作行爲與結構上的修正——它同時涉及人的變數及組織的變數。態度與信念可以透過教育方法方面的努力來加以更改，這就是爲什麼許多公司會設立訓練課程，來教導考慮人際關係的人事管理新觀念。即使正式的組織結構也可加以修改，以消除衝突或混亂的狀態。「衝突團體間可彼此調換其成員，以增衝突團體間的『同步感』（go-between）；可增設協調系統以減少仲裁時權力的運用；組織界閾可以重新定義，以涵括更多的資源。」❶

第四節　團體間衝突模式

　　在社會心理學以及社會學的領域中，業已形成各種不同的理論，試圖描述團體間衝突的動態，以及其應用的實例。在當代西方文獻中，已發展出的與組織行爲之分析有關的模式，其作者包括華爾頓與戴爾敦（Walton & Dalton），魯伯與湯瑪斯（Ruble & Thomas）、龐蒂（Pondy）、史密特與考肯恩（Schmidt & Kochan）等人，以下將會一一加以簡述。

　　華爾頓及戴爾敦聲言其模式可應用於「在任兩個組織單位(部門，科組，課屬等等)所有因任何型態之交易(包括聯合決策，交換訊息……)而側生之關係。」❷，他們認爲出現衝突大部分是由於在這些特殊側生關係以外，先前即已存在的因素所引起的。這些因素可能是組織特性或

❶　Alan Fox, *A Sociology of Work in Industry,* London: Collier-Macmillan Publishers, 1971, pp. 140-143.

❷　Herbert, 同❾, pp. 358-359.

背景性的，亦可能是人格特質或人格問題方面的。只要組織內存有這些衝突的先決狀況，部門間的關係就一定會削弱，而團體或集體間也會併發出衝突來。在一個整體性的關係裏，決策是強調問題解決及訊息的自由交換，而在一種擾動不安的關係中，則強調交涉與訊息的分配。當組織是整體性的（亦卽同心合意），其互動一般是具有彈性，開放，而且穩定平和。反之，擾動不安的關係其互動則是競爭，猜疑，公式化，負面，甚至是敵對的。爲了要處理及解決衝突，不同的企業組織發展出不同的「衝突管理」策略。這些技術是以「兩點接觸面之管理」爲取向的，其範圍由問題解決，撫平，開放式當面協調，到設立超越性目標等不一而足─正如上一段中所討論的。隨著組織特質，部門間關係，所使用之衝突管理策略，參與者之人際關係等各方面之不同，團體間衝突可能會導致競爭加劇，逃避，固執不變，求助於上司，低信任度，猜疑，或其他的負面反應❸。

衝突行爲的強度及內容，根據魯伯與湯瑪斯的分析，可以從兩個向度上顯出不同程度的差異。這兩個主要的向度是：獨斷─非獨斷變項（assertive vs. unassertive），以及合作─不合作變項（cooperative vs. uncooperative）。聯結這兩個變項可以形成五種不同類型的衝突行爲（它們是：競爭，逃避，和解，協調，合作）❹。

在史密特與考肯恩的模式中，衝突被描述成是一種「衝突」歷程的外顯行爲結果。這樣的一種歷程，假定衝突的先前狀態必須要有三種基

❸ Richard E. Walton and John M. Dalton, "The Management of Interdepartmental Conflict: A Model and Review", *Administrative Science Quarterly*, Vol. 14, No. 1, March 1969, pp. 73-84.

❹ Thomas Ruble and Kenneth Thomas, "Support for a Two-Dimensional Model of Conflict Behavior", *Organizational Behavior and Human Performance*, Vol. 16, June 1976, pp. 143-155.

本因素：第一種是「目標不一致的知覺」；這表示「在同樣的環境或等量的成果下，可以看見某單位達成其目標，必會妨礙另一單位達成另一目標」；第二種先前狀態是單位之間必須「分享資源」，這表示各單位都是由同一資源支取，因此某一單位是否能成功就要視其他團體的行為而定。　第三，　另一個衝突的關鍵性先前狀況是「活動的相依關係」（interdependence of activities）。因此，在第一類衝突中，造成衝突的障礙性活動可能是由於必須在分配資源；在另一種情況下，這種障礙性活動可能由於活動的完成必須依賴彼此相依的關係，這就是第二類衝突。除了第一類及第二類衝突以外，還有一種第三類衝突，其障礙活動是須分配資源而又有活動的相依關係❶。

龐蒂（Pondy）也擬出一套類似但不完全相同的模式，來分類工作組織中的團體間衝突。除了在衝突歷程中各「衝突片段」（conflict episodes），給予五個不同的次歷程命名（潛伏衝突；知覺衝突；感覺衝突；顯現衝突；衝突餘波）之外，龐蒂還定義了三種在工作情境中主要的團體間衝突，它們是：

（ｉ）　交涉模式（bargaining model）——它可以用來處理團體間在競爭有限資源時所引起的衝突，可用於分析勞資關係，訂立預算的過程，以及直屬一幕僚間的衝突。

（ii）　官僚模式（bureaucratic model）——它可用於分析上司部屬之間的衝突（亦卽階層中垂直向度之衝突）。

（iii）　系統模式（system model）——意指側生的（lateral）衝突，或具有功能性關係雙方間的衝突❶。

---

❶　Steward Schmidt and Thomas Kochan, "Conflict: Towards Conceptual Clarity", *Administrative Science Quarterly*, Vol. 17, 1972, pp. 359-370.

❶　Pondy, 同❺。

第五節　組織間衝突的管理

在上一段談及各種在組織背景中，團體間衝突的一般形式與原因之後，下面要談的是幾種管理或解決衝突的結構性方向。

有一種可行的策略是解除衝突團體間彼此連繫的關係，例如：（ⅰ）消除彼此的相依關係；（ⅱ）牽制彼此在有限資源上的競爭。

在一個組織中，團體或單位間彼此相依的關係，可能是分配性（pooled），順序性（sequential）（某一單位的生產結果依序成為第二單位的生產原料），或交互性的（reciprocal）（不同單位的生產結果成為其他單位的生產原料；亦卽，每一個單位是互相貫串的）。很明顯地，相依關係的複雜性很可能就是團體間衝突的起源。在這種情形之下，調節團體間衝突最常用的方法就是，將連繫的關係由「交互性改為順序性，最後改為分配性。」分配性相依關係在組織中是一種鬆弛的狀態—不同部門各自為政而互不相關。從功能上而言，這種策略必須要創制出一種「自給自足式」（self-contained）的工作型態。另一種類似的策略則是給予衝突的部門物理上的隔離，它的好處是「可以避免傷害及防止發生更多的爭鬥」，然而它只是暫時「冷凍」了問題，並沒有從原因根治。

若「肇事」團體缺乏足夠的溝通以及彼此的瞭解時，一個消除衝突的可行方法是，反其道而行，在不同的關鍵點上強化其接觸面。因此，衝突團體間可以作人事上的調換，以促進對他方的瞭解—藉此而有助於調節他們最開始的交涉點。

除了交換幕僚之外，另一個在大機構中的可行方法是，設立一個專門扮演「整合者」（integrator）角色的單位。這個整合者的功能，就是在衝突部門之間佔定「仲裁人」（intermediate）的位置，他們的影響力

很大，他們也瞭解自身的報酬有賴於其所整合之團體的整體表現❼。

第六節　總結西方對團體間衝突的觀點

迄今西方人文與社會科學文獻中，對組織生活中的衝突，無論就功能性或破壞性（功能不良）而言，都已做了一番回顧。蘇芮爾（Sorel）下結論道：衝突的正面角色就在於促進並統合團體的意義－因此「藉著抵禦外侮團體就更能合一與團結」❽。此外，衝突也能激發組織的紀律。根據西密爾（Simmel）的說法，在努力解決交涉雙方的緊張之際，有助於關係的穩定與合一❾。西密爾的這些觀念，後來的考塞（Coser）也一度重新整理❿。像這樣的觀點指出「衝突與合作並非截然兩分的事，而是一個歷程中的階段會對二者有相同的影響」㉑。

另一方面，帕爾森（Persons）著眼於社會秩序，認為衝突會帶來擾亂、失調、破壞性的結果。在工作組織的研究中，這樣的取向以梅約（Elto Mayo）及其信徒最開始所做的研究為典範。「Preoccupied with the Durkheimian problem of anomie，梅約察覺到傳統社會骨幹中競爭，個人主義，城市工業主義（urban-industrialism）的破壞力」㉒。在工作場所必須要有管理，以改良及遏止團體間的衝突，並創造組織的

---

❼　Paul R. Lawrence and Jay W. Lorsch, *Organization and Environment*, Boston: Division of Research, Graduate School of Business Administration, Harvard University, 1967.

❽　Sorel, 同❶, 亦見於 E.A. Shils, "George Sorel: Introduction to the American Edition", in Sorel, 同❶

❾　G. Simmel, *Conflict*, Glencoe, Illinois: The Free Press, 1955.

❿　L.A. Coser, *The Functions of Social Conflict*, London: Routledge and Kegan Paul, 1956.

㉑　Cooley, cited in Coser, 同❿ p. 18.

㉒　Fox, 同❶, p. 145.

和諧與合作。

在西方企業中，開始復甦了一種對衝突更為人文的觀點，認為衝突是正向的，有助於維繫社會秩序。藉著規律架構的重整，衝突有助於解決對立，消弭緊張，澄清權力關係，並於分裂中締造許多合作的團體，它正合於當代多元化社會自我決定（Self-determination）的原則。

第七節　東方的團體間衝突模式

㈠　中國式：

相反地，在東方模式中—例如中國和日本的工作組織——般是很明顯地偏向合作／整合（collaborative/integrative）而非衝突／競爭（conflictual/competitive）模式。 整理了中國文化特質中所風行的刻板印象觀點之後，特爾那（Turner）等人總結道：

「……在任何情況下，中國人都不喜歡『面質』（confrontation）的情境，卽使在正式的交易活動中亦然。『面子』對雇主和員工而言都是極其重要的，而直接的要求與辯駁，對一方或雙方而言，都可能要冒有失體面的危險。因此他們喜歡用間接的方式來調解，例如非正式的躲避，或透過『可靠的仲裁人』來增加轉圜的餘地……」㉓

在中國文化中，避免公開的衝突，實是基於中國人在哲學、社會、與工作道德上的一些特殊假定。這些假定，在前面的章節中已經零星地提及並討論過。西爾朶拉（Theodora Ting）在她的總結報告中以策略性的觀點來描述這些文化傾向，認為它可以：(i) 逃避；(ii) 忍耐；(iii) 協調；(iv) 面質；以及 (v) 整合㉔。逃避者的「防衛」機制可能是物理

㉓ H.A. Turner et al., *The Last Colony: But Whose?* Cambridge: Cambridge University Press, 1980, pp. 13-14.
㉔ Theordora Ting Chau, "Conflict Management: Tradition and Innovations", a paper presented to the Conference on Chinese Style Management, April, 1984, Taipei.

上的隔離，限制互動機會，或甚至不再參與。忍耐則是一種忍受差異，敵對與不和的態度，它相應的策略是停止競爭，姑息，或自甘屈辱。另一方面，中國人也很願意「調解」，調解的有關技術包括懷柔，取與予(give-and-take)，以及降低要求。當然，中國社會不會完全不懂得「面質」。而發生面質的時候，衝突也可以自由地表達出來，但必須符合宇宙萬物的自然律，而不能只反映出個人所想所欲的「自私」欲望。在中國人的慣例中，用以化解或壓制擾亂與衝突，最常用的莫過於他們的整合機制，它強調團體中的團結合一，以及互相支持的互惠關係。內部不和與分裂的外顯表達，就像前面所說，是不被鼓勵，甚至被禁止的❷。

㈡ **日本式：**

日本的「集體主義」思潮亦可見諸於衝突之管理，但却顯然地失去其效力，它無法維繫勞資關係間諸如「信任」等良好特質。在前面章節中，已談論過中國企業組織中「信任」關係的問題。然而，在日本式管理下，勞資或主從關係却有「高度信任」(high trust)的癥狀。「高度信任」，對於改善或調解工業或社會組織衝突之效能而言，會出現下面的情形：

「……日本式的相關癥狀包括：(a)假定個人對組織目標和價值所要求的職業角色之承諾（契約）是十分有力的；(b)在特殊的非個人性的條例中，不受其督導與規範；(c)一個相當開放的溝通及互動網絡；(d)在給予忠告、訊息及諮商性的討論時，較給予命令、要求和指導時，更會採取溝通的形式；(e)在解決問題時，強調『彼此適應的歷程』，而不是外在賦予的合作標準規則；(f)對於工作表現不佳，較會歸因於眞正的適應不良，而不是有意的怠忽職守；(g)控制

---

❷ Alan Fox, *Beyond Contract: Work, Power and Trust Relations,* London: Faber and Faber, 1974, p. 77.

不一致的方法，是以『完成』（working-through）共同的目標爲基礎，而不是以爭論交涉分歧的目標爲基礎。」❷

關於在日本式背景下的企業管理，最典型的看法就是在結構中所表達出來的「高度信任」：（i）長時性的相互契約，以及雇主和其員工對「在人際關係中不同形式的排他主義式及階級性取向的責任義務」，有擴張的傾向；（ii）在管理實務上的家長式作風；（iii）在權力轉移時的「環狀系統」（ringing system），以及團體決策時的集體式參與；（iv）工作角色低度的特化（specificity）；（v）企業的聯合主義❷。

在日本的工作組織中，強調「高度信任」，並以之爲正常時整合以及衝突時調解的技術，這或許可以從下面這個故事中得到最佳反映，這是朶爾（Dore）在 Hitachi 一家電子產品公司的工作團體中，所作的研究：

「日本工人……穿著一式的制服……他們依然保持著其一貫合乎場合與職業的彬彬有禮。在工作情境中，他們顯得較無自律性。……

造成這問題最大的差異，是領班必須在工作上給予協助。對日本人來說，領班就是一個小組的領導人，是可以爲他們思想及安排工作的。……」

Hitachi 的運作原則有兩方面的不同，都是和前述團體和個人的差異有關的：

1. 督導的功能以及其權力範圍十分不具體化—它甚至可以擴展到部屬生活的每一個片段。

2. 督導關係是基於人性本善，而非人性本惡的假定，它假定工作者都會爲了共同的目標而努力。

❷ Fox, 同❶, pp. 171-180; Ting, 同❷, pp. 10-12.
❷ Ronald Dore, *British Factory-Japanese Factory*, London: George Allen & Unwin, 1973, pp. 231-234.

第十三章 組織效能

第一節 緒 論

㈠ 概念：

在西方工作組織的文獻中，在評估及審核「組織效能」(organizational effectiveness)，傾向於以表現 (performance) （在個人、團體，或組織各種層次）來作為效標。在人力資源 (human resource) 管理的領域中，「表現」包括「效力與公平」(efficiency and justice) 的二元概念。例如，在1963年 U. K. 的人事管理中心曾經提出這樣的銘言，闡明其專業目標為「達成效力與公平，而兩者是相輔相成，缺一不可的」，「由男男女女所組成的企業組織，若要成為有效能的組織，就必須要能聚合及發展眾人最大的成功，這成功不僅代表他個人，也代表他是一個工作團體中的一份子」❶。

㈡ 組織表現之測量：

人事管理上所著重的效力與公平，可以用「最大獲益」及「滿足」來做為組織表現之重要測量。正像西門 (Simon) 所說的：現代企業傾

---

❶ "Definitions of Personnel Management", *Personnel Magazine* (later renamed *Personnel Management*), March 1963.

向於追求「滿足」而不是「最大」回收，亦卽「公司不追求最大獲利，換言之，只要求可接受利潤的最低層次，而一旦達成，也不求超越此層次。」❷

　㈢　理論模式：

　　戴斯勒（Dessler）整理出下列組織效能模式，並列出各模式之評量效標❸：

作　者	評量效標
吉爾哥旁勒斯與丁尼伯 (Georgopoulous and Tannenbaum)	生產力 (Productivity)，有彈性 (flexibility)，無組織緊張情況 (absence of organizational strain)
班尼斯（Bennis）	適應力 (adaptability)，意義感 (sense of identify)，考驗現實之能力 (capacity to test reality)
布萊克與莫敦 (Blake and Mouton)	合一 (Simultaneous)，Simultaneous achievement of high productioncentred and high people-centred enterprise
克布勞 (Caplow)	穩定 (Stability)，整合 (integration)，自動自發 (voluntarism)，成就 (achievement)
凱茲與凱恩 (Katz and Kahn)	成長 (growth)，儲存 (storage)，在控制環境中生存 (survival control over environment)

❷　Gary Dessler, *Organization Theory: Integrating Structure and Behavior*, Englewood Cliffs, N.J.: Prentice-Hall, 1980, p. 393.
❸　同上，Table 15-2, pp. 397-398.

勞倫斯與羅斯
(Lawrence and Lorsch)

整合與區別間之最佳平衡（optimal balance of integration and differentiation)

葉克門與西塞爾
(Yuchtman and Seashore)

成功地獲致稀少及有價值的資源，控制環境

弗芮倫德與匹克爾
(Friedlander and Pickle)

收益率（profitability），員工滿足 (employee satisfaction)，社會價值 (societal value)

柏芮斯（Price)

生產力，順從（conformity)，士氣（morale)，適應力，制度化 (institutionalisation)

麥哈尼與維茲爾
(Mahoney and Weitzel)

生產力支援之利用（productivity-support-utilisation)，計畫 (planning)，信度 (reliability)，原創力 (initiative)

史奇恩（Schein)

開放溝通，有彈性，創造力，心理契約 (psychological commitment)

摩特（Mott)

生產力，彈性，適應力

吉普生等人　　　短程：
(Gibson et al)　中程：
　　　　　　　　長程：

產量，效力，滿足
適應力，發展
生存

柴爾德（Child)

收益率，成長

韋伯（Webb)

凝聚力，效力，適應力，支持

綜觀這些研究的變項範圍，可以看到組織用不同的效標來評估效能。工商企業可能傾向於以生產效力爲測量標準，而「專業」組織則強調信度 (reliability)，合作，以及專業資格，並以之來描述效能。這些效標，

廣括而言，可以分爲「內在」(internal) 與「外在」(external) 兩種。
「外在」效標包括適應力，資源之交易地位，組織知覺現實之能力，以
及組織的成就 (achievement)。另外，「內在」效標一些重要而明顯的例
子則包括士氣，穩定性，低壓力，以及工作與角色之互相配合。當然，
一個組織是不可能在所有領域中都完全達成，並有圓滿之效能；然而，
它是努力於獲致經濟、技術，以及社會方面的最佳效能。

　　換言之，工作組織爲了追求表現上之效能，遂調動其可用之資源，
以期達成組織與人的目標。而組織行爲，在正式結構，人之機體，與社
會性之次系統之間，可能就會有衝突及不一致之現象。「正式組織次系
統所需要之可預測性及穩定性，　可能會被人性需求中之自主性、　挑戰
性，及要求勝任之表現所修正。個人獨立及要求自我之願望，可能與社
會次系統所要求之遵循團體常模與標準互不一致。……社會次系統與正
式組織之間的衝突則在於工作表現之水準，必須協調到既符合團體之表
現效標，又滿足個人私有物之需求。」❹

　　所以，工作組織在管理上就有不同之問題，因爲它在不同的發展階
段，必須去因應不同的「組織效能」課題。一個小型、年輕的企業，也
許爲了尋求創造力而在「領導」上支付大量酬金：「成長有賴於管理者
的指引，管理者能提供技術以及更有效力之創造性管道」❺。工作組織
所關注之管理控制上的問題，則是因低階層單位完全聽命行事所造成之
組織僵化。「自主性之危機，較少控制及較多原創力之要求，乃組織繼
續成長之關鍵」❻。　解決組織自主性 (autonomy) 需求最常有的做法，

❹　Theodore T. Herbert, *Dimensions of Organizational Behavior*, New York: Macmillan Publishing, 1976, p. 485.

❺　同上，p. 486.

❻　同上。

乃是授權，以及建立責任與決策的「去中心化」(decentralized)。去中
心化的結構歷程，亦附帶有控制上的問題，它須要達成更好合作的努力
與資源。合作系統過度地擴張，可能會造成官樣文章 (red-tape) 的危
機。爲了避免後者，組織可能須要藉由諸如「組織發展」之歷程，來培
養同心協力的思潮。

　　「公司需要同心協力的特性——建立支援，大而相當成熟之組
織——，是因爲組織要發展，而發展起因於針對大公司中過度特化，
過度控制，犧牲了自己成長階段等弊病之反應」❼。

第二節　組織效能研究

　　現有關於組織效能之文獻很多，也許可以根據其理論方向概分爲三
類，它們是：(i) 目標完成 (goal accomplishment)；(ii) 比較取向
(comparative approach)；以及 (iii) 系統取向 (system approach)。
第一個取向主要是強調輸入 (input) 與輸出 (output) 因素之間的交
換；它伴隨資源之取得，以及將資源應用於目標完成上的歷程——其結
果卽爲工作表現，物品和服務之生產，個人與團體興趣（願望）之滿
足，及符合組織行爲、價值，與期望之常模性標準。另一方面，從比較
性觀點來看，則主張組織與組織之間的可比較性，這表示它們的效能是
可測量以互相比較的，測量層面包括其表現、出品的質與量。第三種組
織效能研究的取向是「系統」的觀點——它直接關注組織與環境間的交
互作用。這三種觀點都將在下文中加以詳細的討論。

㈠　目標模式 (Goal Model)：

　　「目標完成」模式假定，組織是以數位有理性的決策者爲首，他們擁
有若干目標以及朝向這些目標的知識與能力，因此足以引導組織方向。

❼　同上。

組織目標通常描繪出組織管理所要求的最佳狀態，在策略上它是倡議「完美目標」(goal optimization) 而非「儘可能目標」(goal maximization) 之取向。事實上，企圖儘可能地達成每一個組織目標，並同時聚合這些成果，是近乎不切實際的。其實，如果運用一切資源來達成儘可能的最大產量，會使組織失去彈性，亦無法適應環境之變化。

因此一個企業可能將其目標定在幾個層次上：個人、組織，以及社會。社會性目標是抽象而一般性的，其非特化性 (non-specificity) 使得它無法加以明確的定義及測量。另一方面，個人與組織目標在許多點上經常是聚合而為一的，但在分析上却必須彼此分開。在組織與個人目標同等之下「忽略組織之存在理由——個人共同參與以完成集體目標，而又不排除其個人興趣。」❽

組織目標，進一步可根據其性質是官方性 (official)、作業性 (operative) 或操作性 (operational) 來加以分析。官方性目標是抽象的，「它是指組織的一般性目的，置於憲章、年鑑之起首，或由主要行政或權威宣言所發佈的公開陳述」❾。因此，這些目標是含糊、常模性，並且高言大志的——大部分是為了要提供組織在其背景或環境中的合法性或合理性。反之，作業性 (operative) 目標則「指出透過組織實際的作業方針所欲達成的結果；它告訴我們組織實際上正嘗試作些什麼，而不管官方性目標是什麼」。「例如，獲致利益 (profit-making) 可能是一個宣言性目標，而作業性目標則特化出所強調的究竟是質或是量；利益究竟是短期投機性的，或是長期穩定性的；並且指出分歧或多少有些衝突

---

❽ Mary Zey-Ferrell, *Dimensions of Organization: Environment, Context, Structure, Process, and Performance*, Santa Monica, California: Goodyear Publishing Company, 1979, p. 339.

❾ Charles Perrow, "The Analysis of Goals in Complex Organizations", *American Sociological Review*, 26, no. 6, December 1961, p. 855.

的消費者服務，員工士氣，競爭價格，多樣化，流動性等這些因素之間的相對優先次序。」[10] 進一步言之，操作性目標 (operational) 是指那些可以測量的作業性目標，這些目標於組織是必須的，且可以作特殊的精密測量以爲評估之用。因此，這樣的目標是可量化的（例如獲益），它比質方面的變數更易於測量。也因此，使用作業性及操作性目標，經常會因爲採用之計量測量而有所偏頗。强調特化性 (Specificity)，致使作業性目標更難以定義，雖然它也許易於——不過是賦予一個可用的定義——官方性目標之測量。因是之故，作業性目標最好的測量，是針對那些已列出之作業性目標，作比較性的測量，而不是比較組織行爲的測量。或許可以概略地假定：「高效能表現於陳述目標與觀察行爲間的一致，繼而，達成這些目標」[11]。

　　因此，「目標完成」模式是假定：(i) 效能是基於作業性而非官方性之目標；(ii) 這個作業性目標的結構是複雜的；(iii) 並非所有組織都同樣强調特化性 (specify) 目標；(iv) 一個企業組織的作業性目標不能永遠保持不變；及 (v) 作業性目標彼此之間有衝突性。很顯然地，我們很難——卽使並非不可能——去舉出適用於所有組織的通用或標準作業目標。因此，根據「目標」模式，可以說組織效能：並不是一個特定目標的測量，而是在一個多變項模式下，給予不同目標不同比重之測量，並根據一個特殊時間架構來加以分析。目標的相對重要性，可以從達成目標之資源分配，目標之定義，及主要興趣團體目標取向之行爲等來測量。

　　在組織效能之研究中，除了環繞「目標」及其評估而作討論之外；另外，就方法上而言，組織目標系列水準點的定義，特化其參數，決定

---

[10]　同上，pp. 855-856.

[11]　Mary Zey-Ferrell, 同[8], p. 341.

其內部優先次序等過程，都是常常引起爭議的。例如，雖然就理論上而言，這些目標可以根據觀察到的資源分配情形，來排列其階層次序；但是，分配歷程本身就是不穩定的，它可以因組織內成員的交涉而有所變動，主要興趣團體可能握有改變次序的權力，亦可能與目標互相衝突。因此，史提爾斯 (Steer) 反對效能可以一種或多種變項來統一定義及測量的概念。相反地，他認為一個效能的模式，必須包括不同目標的相異比重，以反映出組織的評估。例如，一個福利組織會將社會利益，而不是自身獲利，放在較高的評價位置；而一個商業性公司則可能恰好相反。

柏芮斯 (Price)——「目標」模式的首要倡導者，認為這個目標定義上的問題或可由「可管理的比例而消除，若研究是針對主要決策者實際追求之目標，而資料之收集則是有關主要決策者之目的與活動的話。」❷ 他所提出的這個有助於定義組織目標的策略，強調「行動」研究 (active research) 的應用：(i) 研究焦點在於組織中之主要決策者；(ii) 研究須針對組織的目標；(iii) 研究須針對作業性目標；及 (iv) 研究須針對目的與活動。

　㈡　系統資源模式 (System Resource Model)：

「系統資源」模式是由葉克門與西塞爾 (Yuchtman and Seashore) 所提出的，組織效能評估的另一種模式，它部分是回應對於「目標」模式的批評。它認為組織效能是「系統保持各部分之整合，並且能夠在環境中生存的程度」的一種功能。它須透過組織及其成員，與外在環境有「滿足的」(satisfying) 或「最好的」(optimising) 關係，方能達成。在這一點上，效能可以說是「組織的一種能力，不管就絕對性或相對性而

---

❷ James L. Price, "The Study of Organizational Effectiveness", *The Sociological Quarterly*, 13, no. 1, Winter, 1972, p. 6.

言，組織從環境中開採，以獲得稀少且有用資源的能力」❸。因此，最有效力的組織就是「佔有最佳交涉地位，並獲得最多資源」的組織❹。

因此，這個模式的核心，就是組織與其有關環境的交換歷程，及稀少有用資源的應用（在一個輸入—輸出圈中）❺。組織效能所能達成的最高層次，是當組織能「佔有最佳交涉地位，並獲得最多資源」時。這個模式之下的「最佳狀態」，隨着組織的資源獲致能力之最大極限而有所不同。普遍性的資源包括：人力、物力、組織活動所需的技術，及一些諸如錢等用以作交換基礎的必需品。從這個觀點來看，「資源」的意義可推及於一切在社會組織中可控制，及在組織與其環境之交換關係中可使用之手段、方法、與物資。

根據葉克門與西塞爾的說法，組織效能與其獲致稀少有用資源能力之關係，不若其與獲致得此種資源之交涉地位的關係密切。在測量組織效能時，有其特化與作業性目標作爲效標，它們是：（i）用於成員以促進組織交涉地位之方法或策略；（ii）組織中特定成員或某類成員的特定目標。作者用從美國各地區七十五個保險公司所得之資料，定出十個相當穩定的因素，可作爲效能的指標，它們是：貿易量，產品價值，新成員生產力，成員的活力（Youthfulness），商品混合，人力成長，管理之強調，維持性花費，人員生產力，及市場滲透性（market penetration）❻。

---

❸ Ephraim Yuchtman and Stanley E. Seashore, "A System Resource Approach to Organizational Effectiveness", *American Sociological Review*, 32, no. 6, December 1967, p. 898.

❹ 同上，p. 902.

❺ 根據 Yuchtman 與 Seashore「價值」不是由特定的目標所決定，而是由其在組織活動的一般均數上的效益（utility）來決定。同上，p. 897.

❻ Stanley E. Seashore and Ephraim Yuchtman, "Factorial Analysis of Organizational Performance", *Administrative Science Quarterly*, 12, no. 3, December 1967, p. 383.

　　若考慮這麼多因素，效能最好的評估就是比較欲研究之組織與其他組織之交涉地位。這就須有具效力的組織水準點 (benchmark)，才能做這樣的比較。但問題是，那一個組織可以是比較的標準或基本形式呢？

　　除此以外，「系統資源」模式還有其他方面的疑義。首先就是關於「最佳交涉地位」（maximization of bargaining）及「最多資源」(optimisation of resource) 是過於抽象的概念，什麼才是眞正的理想狀況？且其在具體測量上亦有困難。再者，「系統」模式實有過度簡化的商榷餘地；「資源的獲致不只是一種已發生的狀況，它是基於組織所欲達成的──組織的目標──，但它是經由作業作目標而達成」**⑰**。

　　「目標」模式與「系統資源」模式可視之爲互補的。因此，前種研究取向可濃縮爲「誰的目標和什麼目標要給予優先次序，以及達成這些目標的內在壓力與限制」；而「系統資源」模式，則可濃縮爲組織與其環境間的關係，強調「欲研究之組織在稀少資源獲取上的交涉地位（此處之資源獲取指的是作業性目標）」。同時，「目標」模式強調內在壓力及組織狀態 (State)，並以目標成就來測量效能，而「系統」模式則強調組織與環境之交換（競爭與衝突），並以其他組織或標準來作效能之相對性測量**⑱**。

　　㈢　**比較模式 (Comparative Model)**：

　　爲了促使具有非利益性或服務取向目標的組織，也能作組織間表現的比較，「比較模式」不強調用於傳統生產力與利益測量的組織內部結構之效力。一個表面上看來有效能之福利組織，也許是具有生產力及獲益率的；但若就其對案主的服務品質來看，它可能是毫無效率的。若要

---

⑰ Richard Hall, *Organization Structure and Process,* Englewood Cliffs, N.J.: Prentice-Hall, 1972, p. 100.

⑱ Zey-Ferrell, 同**⑧**, pp. 348-349.

案主在兩個機構間自由選擇，按照「比較模式」的觀點，當然不會在獲益率與服務品質間劃起一條等線，但是它亦不排除其非直接關聯的可能性。這是因爲卽使在一個福利性服務組織中，案主也可能因爲產品或服務品質的低落而轉移到其他機會——因此就削減了組織的效力（efficiency）。

更常有的情況是，在內部組織效能需求（亦卽效力與生產力），與組織間效能品質比較需求的一種交換（trade-off）。在這一點上，或許可以看到：

「有些組織注重內在的組織效能（效力），而有些則注重服務。所有的組織都必須兼而考慮二者，但其着重點則不一樣。……許多時候以生產力作爲組織之間效能的測量，而以社會責任或會計責任（accountability）作爲組織內效能的測量。 在一個具有包容力的效能評估中，是必須同時包括組織效能這兩方面的觀點。」[19]

第三節　組織效能：結構與背景之限制

以上所列舉之模式，是以一「事件性」（Contingency）觀點來看組織效能，然而正如伍德渥（Woodward）與派羅（Perrow）所說的，組織效能還要看組織結構與組織技術而定。例如，一個具有規律而重覆性技術的組織，當其組織結構形式化（formalized），中心化（centralized），及低度之複雜性時， 就能表現得很好； 而一個具有非規律性技術的組織，則在一個低形式化， 低中心化，及高度複雜性的情境中， 較能表現良好。例如對專業性組織而言，低中心化，高複雜度，以及形式化的結構變數，都與內在效力及組織規模（大小）之增加，有正的相關。

---

[19]　Mary Zey-Ferrell,同[3], p. 350.

因此， 工作組織的效能， 可以視爲在其結構、 背景、 及其取向
（orientation）之間的共變事件（congruency），它可能是以利益或非以
利益爲依皈的。因此，魯迅（Rushing）指出：「共事件性工作架構認
爲，組織的取向，特別是利益或非利益取向，對於組織內關係而言，可
能是一個顯著的事件」，他因此對組織行爲中的差異下結論道： 「在主
要組織取向上的差異，是組織結構特質（分化與合作）間關係的中介變
數」❷。

第四節　組織效能：綜觀西方觀點

檢視一個工作組織的財務性與財務性目標，可以看出組織效能的「
事件性」（Contingency）研究取向，冀圖同時適用於利益及非利益取向
的團體。魯迅則將一個像這樣的模式作了進一步潤飾，他認爲「組織行
爲間在主要組織取向上的差異，是組織結構特質（分化與合作）間關係
的中介變數」❷，故組織內結構之特質，乃視爲利益與非利益取向的一
個共變事件。由這樣的論點，就指出「利益取向之組織，較非利益取向
之組織，更爲中心化、形式化，也較少發展出溝通之網絡。」❷在西方
文獻中共通的假定是，所有組織的主要目標都是內在且利益取向的，這
假定是頗成問題的。事實上，組織有兩種所強調的目標，一種是內部效
力（利益）目標，另一種是社會服務目標，這兩種目標的競爭（相斥）
性，經常造成組織的困境，也使得大部分組織理論的合理性受到考驗。

❷ William A. Rushing, "Profit and Nonprofit Orientations and the
Differentiation-Coordination Hypothesis for Organizations: A Study of
Small General Hospital", *American Sociological Review*, 41, no. 4,
August, 1976, p. 689.
❷ Rushing, 同❷, p. 689.
❷ Zey-Ferrell, 同❸, p. 352.

因為多數組織理論，都著重「組織的主要目標是經濟性目標」，多於著重「組織的主要目標是社會服務與社會福利」❷。

「事件性」觀點或許可以如此總結：組織是一個「開放系統」，與其環境有彼此相依的關係。每一個系統都有截然劃分的輸入、生產、與輸出。效能可視為「受組織之內在結構、背景、及外在環境所影響的一個歷程」。組織效能因此要看組織內外的特殊興趣團體，所定義之限制與目標而異。因此，衝突、交涉、和決策都可視為在作業性目標下的歷程，作業性目標的結果又經常被當作效能變項來加以測量。西方文獻中所流行的事件性觀點，認為並不是所有的組織都有同樣的目標與結果，也不是所有的組織效能都可以用相同的效能變項加以測量。而是，「主要興趣團體的目標必須加以定義，所有在這目標上的內在及外在限制，必須於測量時列入考慮。沒有一個單一的效標可以代表所有的目標（作業性目標）；反之，必須使用多元的效標」❷。

由戴斯勒（Dessler）所提出的現代西方組織效能的「人文」(liberal)觀點也許更好，他認為組織效能有一個終極效標就是「公司生存，及有效地與重要興趣團體『交涉』，並創造出可接受的結果與行動的能力。」因此，「組織效能」的概念是一個呈現多種變化的實體。達成效能是一個系統性的問題，而沒有一個單一因素（例如結構、技術、領導等）自身足以確保組織有效能或是沒有效能。而是，有效能的公司是一個其管理能以平衡每一個元素，因此組織就能有效地應付競爭特殊興趣團體的要求。而要達到組織效能之提升，主要有賴於設計一個有效的結構（意指組織按諸如部門等向度，來分配成員的工作與責任，亦指控制及合作的範圍），制度有效的賞罰系統來消除抱怨，當然很明顯地還有其他因

❷ Rushing, 同❷, p. 689.
❷ Zey-Ferrell, 同❸, pp. 354-355.

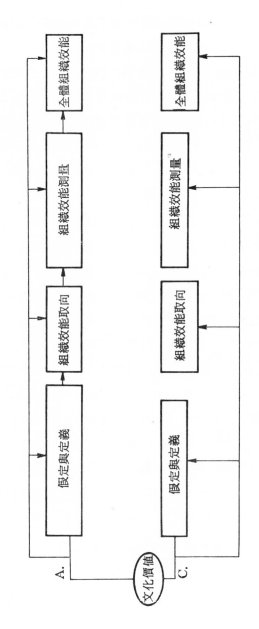

圖13—1 文化、組織、與組織效能

素，經常會透過對結構及抱怨的影響，而影響到效能。例如，「團體影響其成員之態度與行爲；團體間之衝突（例如在直屬與幕僚間的衝突）能損害組織的有效結構；而組織改變及發展的技術，也會用以來改變組織中的結構、技術、或人員」❷⑤。

　　增進組織效能的策略也可能是外在取向的，例如管理環境，以減低其擾擾，不可預測性，以及不和的危機。這些從另一方面來看，也是組織發展與再設計時所要考慮的——儘管這是屬於避免外在影響力的方案，但它也能使組織免於依賴，能夠與環境交涉，並且合法地創造一個新的環境。

❷⑤ Gary Dessler, *Organization Theory: Integrating Structure and Behavior*, Englewood Cliffs, New Jersey: Prentice-Hall, 1980, p. 409.

第十四章　增進組織表現

第一節　緒　論

在前面章節中，回顧了組織行為的不同層面，似乎都是與組織在表現上的效能有所衝突，或有所削減的。組織的效能隨著組織特質的不同而有所差異，而要有效地評估組織的效能與表現，則需要一個非常緊密連貫的架構。在企業組織中所最關注是，不外乎產量，工作效力，員工滿足，以及公平，在本書中所提及的這些基本要素，其在組織效能研究上多少隨著文化觀點的不同，而有了重要的分歧。換言之，東方邏輯中的組織設計與概念是顯然不同的，而它對西方已有文獻範疇中傳統的組織觀，亦能有所啟發。

第二節　工業社會與組織：聚合 (convergence) 或分歧 (divergence)？

社會、工作與組織的著作者，在五十及六十年代就充滿樂觀地預測，認為分歧之文化與理念背景社會間的鴻溝，長期以來有漸漸消失的趨勢，特別是在普遍性「技術絕對」衝擊下的工業組織，則更為明顯。「工業化的主要邏輯，在每個社會中均可見的，就是使用新的技術，不

管它過去的歷史背景，也不管它目前的政策方向。最常用的參考價值就是更新更多不同的技術，更大的產量，更大的城市等等」❶。「技術掛帥者」(technocrats) 或「技術掛帥社會」的概念， 使得現代企業組織共同關注的是如何發展一個新的「專業管理，技術能力，組織的經濟，教育，與知識，及激發人們決策的能力……」❷—亦卽，一種新的組織領導形式。這樣的論點，在六十年代時，由克拉克柯爾 (Clark Kerr) 及其助手們所倡議，其「工業主義與工業人」(Industrialism and Industrial Man) 一書，總結其四十個以上的研究計畫， 概論三十五個國家在不同發展階段中的工業經濟❸。

六十年代在聚合論點上的樂觀主義，後來經過實證研究而漸漸受到了考驗。在實證研究的背景下，七十年代中期一個以亞洲文化爲主的相關研究提出了反面的看法：

「另一方面， 雖然在工廠階層的技術是類似的， 然而在內部薪酬及分佈結構上，仍有可觀的差異。 香港和臺灣是一類， 馬來西亞、菲律賓與泰國是另外一類。前者其內部的勞工市場是開放的，而後者則是閉鎖的。這個發現證實，一個社會的工業發展，其薪酬與分佈結構亦佔有普遍性的功能，而不只是技術衝擊的直接結果。這種解釋的另一個支持是……在港臺及其他東南亞國工廠， 其工作者對組織的動機和契約型態，顯出相當明顯的二元劃分」❹。

❶ Clark, Kerr, John T. Dunlop, Frederick Harbison and C. A. Myers, *Industrialism and Industrial Man*, Harmondsworth: Penguin, 1973, p. 280.

❷ 同上，p. 300.

❸ 同上，p. 307.

❹ Yasumitsu Nihei et al., *Technology, Employment Practices and Workers*, Hong Kong: Centre of Asian Studies, University of Hong Kong, 1979, p. 134.

在組織理論領域中，關於工作組織哲學的文化差異，已漸漸引起學者的廣泛注意，這使得傳統西方文獻中的那一套共同模式，諸如「科學管理」、「人際關係」、「新人際關係」等觀點，顯得大爲去勢。而那在著名理論—像X理論與Y理論—中的論點，能否在非西方文化中，仍保有理論上的效力，及實際上的可應用性，這也是頗成疑問的。早在五十年代，法蘭西斯‧胡就已從中國與美國的區別，提出在討論政治、經濟、及工業生活的取向時，東西方之間的對立❺。然而，在中國並沒有實際地形成一個具體的理論，而接著，由於戰後日本在世界上創下奇蹟式的成功，使得學者們的好奇心又漸漸被挑熱起來。在六十年代，多爾（Dore）在其「英國工廠—日本工廠」（British Factory — Japanese Factory）一書中作了一些比較的工作❻，強調日本文化特質，以及將之應用於組織效能及管理之中。這本書結論道，透過香港與日本兩地工業組織技術上之比較的徹底研究，認爲「對於一般適用於日本却不適用於香港的某些特殊新制組織」，其原因的確是「與態度及價值有明顯的關聯」。特別是，它指出「日本工人的態度與價值，使得其組織較易於賦予所欲加的影響力；　但英國工人則較不具有這樣的態度與價值觀。　再者，日本工人的態度對其組織而言是有價值的，且亦關乎道德，因此組織會極力維持其員工這種基本的優先次序感；而英國組織管理者則較不會這麼做」❼。

大內（Ouchi）考慮特殊文化型態下的日本式管理，從原有的「X

❺ Francis L.K. Hsu, *American and Chinese*, London: The Cressant Press, 1955.

❻ Ronald Dore, *British Factory-Japanese Factory*, London: George Allen & Unwin, 1973.

❼ 同上, p. 417.

—Y理論」中又推展一種新的模式，稱之爲「Z理論」。「Z理論」舉出日本的工作組織與管理系統，其哲學主要是一種混合的配方，意欲將日本式的原則應用於美國企業之中。「在聯邦中典型的日本公司，其管理型態與典型的美國公司顯著地有所不同。但日本公司却又不是照其在日本所發展模式的翻版，而是修正其管理模式以應聯邦的需求。⋯⋯很明顯地，想要從日本式管理中取其所長，就得對其管理的複雜及微妙處做一番縝密的檢驗。⋯⋯而所須做的工作，就是研究日本組織基本的優先順序，並形成一個在西方公司中的比較原則」❽。

第三節　文化特質與其對組織之衝擊

㈠　日本案例：

在提出Z理論哲學時，奧奇定出了幾個在日本與美國企業組織之間，完全不同的特質，它們是❾：

日本組織	美國組織
生涯式雇用(lifetime employment)	短期雇用(short-term employment)
緩慢之評估與昇遷	迅速之評估與昇遷
非特化之生涯徑 (career path)	特化之生涯徑
隱諱的控制機制	清楚的控制機制
集體決策	個人決策
整體式關注 (wholistic concern)	片段式關注 (segmented concern)

　　日本企業組織這樣一種結構—常模化的特化，就是著作者形成其Z理論模式的主要關鍵。在他的理論摘要中，奧奇說道：

---

❽　William G. Ouchi, *Theory Z*, New York: Avon Books, 1982, pp. 12-13; pp. 14-15.

❾　同上，pp. 48-49.

「Z理論的第一課是信任，生產量與信任是携手並進的……貿易公司的成功，主要有賴個別的單位及員工有奉獻犧牲的意願。日本貿易公司之所以會存在有這種意願，是因為其所採用的管理實務培養了這種信任感， 員工都瞭解這種奉獻很快就會得到回報。 最後，就累聚了公平性（equity）」❿。

「Z理論從日本實務轉移到美國方式另外重要的一課是敏銳（subtlety）。人際之間的關係經常是複雜而變化的。……生產力、信任、及敏銳都不是孤立的因素。信任和敏銳不僅藉著造成有效的合作而達到更高的生產力，二者彼此間的關係也是密不可分的」⓫。

很明顯Z理論的觀點是有其文化相對性的。「信任」與「敏銳」的策略性概念，必須回溯到「日本式生活的主線」中去尋找其軌跡，而這主線就是「親密」（intimacy）。「在日本例子中，我們發現這個成功的工業社會，它的『親密』性出現在工作場所，就像出現在其他任何情境一樣。」⓬

弗歌爾（Vogel）回應奧奇之文化絕對明顯性之觀點， 創製出企業組織中的「特殊日本式表現法」。因此， 「團體主義」（groupism）的日本傳統所擴衍出來的，就是「以其所屬組織，特別是所屬之工作組織來定義一個日本人」⓭的典型作風。這樣一種集體契約，有助於維繫其決策時的「環狀系統」（ringi sei system）⓮， 並提供工作動機理性的管

---

❿ 同上，p. 5.

⓫ 同上，pp. 6-7.

⓬ 同上，p. 8.

⓭ Ezra F. Vogel, "Introduction: Towards More Accurate Concepts", in Vogel (ed.), *Modern Japanese Organization and Decision-making*, Tokyo: Charles Z. Tuttle Co., 1979, p. xx.

⓮ 環狀系統是「文件由組織中的較低階層起草， 然後送達不同單位徵求同意」。另有一種反環狀系統，領導者作主要決策， 然後鼓勵較低階層以與其一致的意見來參與，如此根本沒有給他們發揮督導才能的挑戰。 如 Vogel 所觀察，「一般而言，組織中較低階層起草文件， 多是在蒙督導信任的情況下，在上司部屬之間有著有形或無形的信任關注的聯繫。同上，p. xvii.

理策略一以致可以維持一種歸屬於某個組織的感覺。因此，在典型的日本式組織中，就有一種彼此合一與協議（nemawashi）的精神，可以將其成員連繫在一起。「在一個組織中，無論是同僚之間，或是組織不同的階層、單位之間，都不斷有著協議（consultation），協議的內容從現實細節，到廣泛的一般課題不一而足，而它通常都是發生在一種彼此信任及支持的氣氛中」⓯。這些實際情況植根於日本的文化傳統，它也有助於解釋日本企業的靭性及可持久性，而其所強調之長程目標取向一故此「個人願意在長久的逆境期中依然堅守崗位，包括艱難的工作以及較低的薪酬，因此他們冀望將來可以達成更大的成功⓰。

㈡ 跨國際之分歧（Cross-national diversities）：

日本企業的「黨派意識」（particularism），因此就支持了「聚合」（convergence）假設的反面論調。在背景或組織研究中的反聚合論調，或許最早是由霍夫斯德（Hofstede）所提出來的，在其以實證為基礎的「文化的結果」（Culture's Consequences）一書中，總結了四十個國家之組織行為，得到四個與文化內涵有關的變項。這些向度是：權力距離（power distance）；不確定性的逃避（uncertainty avoidance）；個人主義（individualism）；以及男性化（masculinity）⓱。批評了共通式（聚合式）觀點的效度，以及美式管理理論的大量輸出影響之後，霍夫斯德下結論道：「組織與文化是相繫的」⓲。不同的文化型態，在理論及

⓯ 同上，p. xxiii.

⓰ 同上，p. xxii. 因此，Vogel 觀察到「日本團體非常工作取向，而在經濟和政治組織中，團體的合一就是團體目標……團體成員一般較不重視短期興趣，無論是個人或組織的，而較重視長期的目標」。同上。

⓱ Geert Hofstede, *Culture's Consequences: International Differences in Work-related Values*, London: Sage Publications, 1980, p. 11.

⓲ 同上，p. 372.

工作組織管理實務兩個層面上，都清晰可辨。「這不僅適用於組織中人的行為，以及組織整體的功能，甚至著作者所發展來解釋組織行為，但又反映其國家文化特性的理論，及組織管理上所採用的方法與技術」⑲。與文化相關聯的症狀是擴散性的，它滲透入組織行為的各個層面：動機、領導、決策、工作的教化，管理發展，以及組織發展等等⑳。

　　認知了組織行為的文化相對主義之後，產生一種傾向就是以國家特有的型態來呈現這些變數。在學術界的領域中，這並非罕見的現象，亦即建構一個理想的典型模式，可以總括及比較各種型態的特質，並能符合跨越這些型態的假設。像這樣的典型作法，可見諸塞雷（Thurley）的研究，他區別了四種文化的人事管理或勞工管理（定義上一般是包括「意欲處理工作中有關人的問題的所有方法」），而作成這種嘗試㉑。

　　他的學說列出了兩個主要的變數（員工身份的層次及方向是其中之一，而在人事策略背後的基本價值是其中之二），故對英國（British）而言，它是：（i）一個專業人事管理的情境（高度社會自覺以及高度個人自律）；而對美國而言，它是：（ii）工業關係自治體主義（高度企業自覺以及高度個人自律）；對日本而言，它是：（iii）福利自治體主義（welfare corporatism）（高度企業自覺以及高度干涉主義—即家長式作風）；而對香港而言，它是：（iv）勞工控制所形成的狀態（高度社會自覺以及高度干涉主義）㉒。

---

⑲　同上。

⑳　同上。

㉑　Keith Thurley, "The Role of Labour Administration in Industrial Society", in Ng Sek Hong and David A. Levin (eds.), *Contemporary Issues in Hong Kong Labour Relations*, Hong Kong: Centre of Asian Studies, University of Hong Kong, 1983, pp. 106-120.

㉒　同上 pp. 112-117.

東西相會: 一道文化雜燴

　　然而，工作組織與企業管理研究，在文化型態上之差異，却不宜過度渲染。反之，現今真實生活情境中所存的，是一種混合的模式，它參和各種不同文化的特質。這種不定型性在當代的許多跨國企業中都可以發現，當公司要進駐另一個國家，在不同的社會型態下發展時，它必須削減本身不同的文化常模背景。卽使是設立在聯邦的日本公司，奧奇也注意到它們採用「其管理型態與典型的美國公司顯著地有所不同。但日本公司却又不是照其在日本所發展模式的翻版，而是修正其管理模式以應聯邦的需求。然而，它們保留了日本風格中的優點，因此和大多數美國公司仍然有相當地差異。」㉓

　　世界主義（Cosmopolitanism）就是，本地文化與來訪的（國外）企業相遇且彼此互相調和，明顯的有諸如香港、臺灣，及其他東亞國家所發展的經濟型態。這種融和點的情況也許最可見之於香港，它是一個在經濟及人種上高度都市化的城市，是一個在英國管理之下卓越的中國人社會（直到1977年）。在組織研究的微觀層次上，舉例而言，有尼海（Nihei）等人曾經研究「物主與高階管理種族地位的相對重要性，是否為香港實際雇用差異之來源」㉔。雖然在著作者所研究的一個日本及一個美國公司之間，因為物主不同的種族，而造成組織及管理實務上的明顯差異，但是「不管該工業原有的管理或型態如何，它都必須去適應其所運行社會之經濟、法律、社會、及文化的實際情形」㉕。因此，設立

㉓ Ouchi, 同❽ pp. 12-13.

㉔ Ng Sek Hong and David A. Levin (eds.), *Contemporary Issues in Hong Kong Labour Relations, op. cit.*, "Editors Introduction", p. 39.

㉕ Y. Nihei, M. Ohtsu and D. A. Levin, "A Comparative Study of Management Practices and Workers in an American and a Japanese Firm in Hong Kong", in Ng Sek Hong and Levin (eds.), 同㉔ p. 136.

在不同國家的公司，其所採用之不同的雇用實務，當地社會可能是一個主要也是唯一的影響力 ❷。其實，文化擴散內容的疑問，就在於本地與外來或背景因素之間，其因果關係的混淆。因此，其(方法上的)困難，就是「這三個因素—物主的種族，公司結構，當地社會—中，要找出何者才是足以解釋研究所發現的相同或相異的原因」❷。雖然如此，著作者仍對香港環境下，美國及日本管理系統的差異，作了一番總結：

「第一、美國工廠的管理及督導結構，比日本工廠大了很多。第二、美國工廠大部分的高階管理者及督導者都是在香港當地雇用的；而日本工廠則取調於日本。 第三、 美國工廠的管理者及督導者，其平均教育背景高於日本工廠。第四、在日本工廠中，一些『關鍵性』運作者和低層督導，並須在日本接受一些系統訓練；但美國工廠則沒有像這樣的訓練」❷。

但是，在雇用及薪酬方面，這兩個工廠仍然有某些類似；而美國的薪酬系統，很明顯地比較是基於一些易瞭解的效標的混合，包括「工作難度、表現，以及服務年資」❷。

英格蘭 (England) 與芮爾 (Rear) 整理了「工作場所雇用系統」，進一步討論不同種族背景的組織，如何形成它們適應香港勞工市場及文化特質的人事策略。在一般環境限制的影響—諸如香港的土地政策，其資本主義經濟，在大的文化價值下的權力平衡，勞力特質及取向等—之下，企業組織顯然有兩種不同領域的雇用狀況及權力運作。經過分析，可以看出有 ❸：

❷　同上。
❷　同上，p. 160.
❷　同上，p. 148.
❷　同上，pp. 144-148.
❸　Joe England and John Rear, *Industrial Relations and Law in Hong Kong,* Hong Kong: Oxford University Press, 1981, p. 69. For a detailed exposition, see remaining of Chapter 5, pp. 69-96.

保護區 (Sheltered Sector)——

(ⅰ) 英國聯股 (joint-stock British)

(ⅱ) 香港政府 (the Government)

競爭區 (Competing Sector)——

(ⅰ) 小型廣東人私營

(ⅱ) 大型廣東人私營

(ⅲ) 大型上海人私營

(ⅳ) 美國聯股

　　儘管有諸如公司規模以及產品市場競爭程度等結構性經濟變數的影響，但公司所有人的種族來源所反映出來的文化，仍很明顯地是造成這些不一致的原因。當然，其推論必然是助長了組織策略對當地之適應理論的重要性。 因此， 英國公司（值得注意地，貿易公司實際上掌有紡織、成衣、運輸、公共設施、機械工程、保險、船運、地產、以及旅館業等）是處在「契約」(contractual) 與「干涉主義」(paternalistic) 的雙重限制之下，若以塞雷 (Thurley) 的理論模式來說，它就是第ⅰ類型（英國）與第ⅳ類型（香港）的矛盾結合。「區別他們之雇用政策的， 不止是其獲利的標準， 而是其政策一般都是正式且清楚的這個事實；他們的政策是契約性而非個人性（personal）的。有極高比例的公司具有書面的雇用契約，以及書面的公司法則」❸。另一方面，同樣的這些公司也立意發展一種干涉（家長式作風）意象，一般也被認為是「好雇主」，其員工享有永久性地位，在須要時可獲得公司幫助，其薪資一直調高，且享有其他的福利❸。

　　相反地，也有一些經濟領域，像是電子工業的外國廠商，却成了西

❸ 同上，p. 75.
❸ 同上，p. 74.

方組織實務與管理哲學的重要引進者。可能是由於先進技術的影響，中國電子企業傾向於模倣外國廠商「科學管理」的結構與技術。電子工廠的美國化，由資金形成及香港勞工市場背景特質而來的原因，包括以下各點：

「第一個原因，是因爲在工業界，人事主管間廣泛地交換著薪資、紅利、福利、任用、勞工離職、退休，以及其他管理實務上的訊息，其範圍遠超過美國公司的核心團體之外。第二、這種「過溢」（spill-over）效應也是由於美國系統另一種形式的轉移，因爲大部分中國人的電子產品公司，都是由美國人一手諦建的，因爲當地企業破除傳統，採納美式的管理架構，這也是很自然的。」❸

東西症狀：學到什麼？

因此或可說管理與組織系統國家或文化型態，不管其個別的差異是什麼，都很難在現代這個漸趨世界主義的工業社會裏，一枝獨秀地顯出其優越性來。這種說法並不是在爲「聚合」（convergence）理論作辯護，而是向那些文化上排外主義的狹隘觀點提出警告。它也不是對組織與組織行爲的塑造中，「文化」的重要影響力提出挑戰。相反地，本書整個兒的討論都是循著「文化」的主題，以及「文化相對論」的脈絡，亦認爲不同文化型態的優點及缺點，都可能會造成組織表現及成就的限制。這結論性的一章中之最後部分，其目的就是要總結，以一個簡單模式說明，在工作組織中，西方與東方的長處和弱點，都同樣對塑造組織行爲有所貢獻。自然地，選擇適用的條例，就與社會、政治、企業的市場狀

---

❸ Ng Sek Hong and Henry S.R. Kao, "Traditional and Modern values in Technology-intensive Industry: The Case of the Hong Kong Electronics Technicians", a paper presented to the Conference on Chinese Style Management, Taipei, April, 1984, pp. 16.

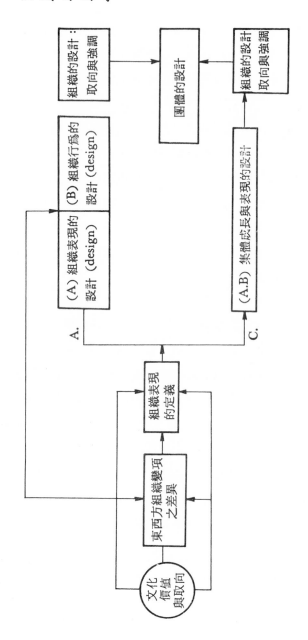

圖14—1 文化、組織與組織表現取向

況、人員的常模性假定，以及決策者等所有層面都有關聯。其結果，就像在一個可運用的模式中所探求的，也許是一個混合體，它結合並統整了東西方一切的要素。

組織效能

　　雖然就人的本性、認知、價值，及在工作情境中的行爲而言，東西方取向是始於相當不同的假定；然而在評估組織行爲的表現上，却似乎共同極可互相加以比較的效標。企業及其成員的活動，基本上都是爲了朝向效力（在資源的利用上），存續、穩定、與個人的滿足等目標，因此其所運作環境的文化型態爲何，可以說組織在審核表現上，是基於一個廣義上相類似的邏輯。換言之，組織效能這個概念，就像組織本身一樣，是一個共通性的概念—在分析人的活動、功能，及其在一共同工作環境下之交互作用時，提供一個分析的架構。當然，在以這些效標來決定組織效能時，各個組織之間一定會有優先次序上的不同；但是此種不同可能多是取決於組織特質及環繞它的社會—技術環境，而並非是特殊的文化背景。

第十五章 結論與條例

第一節 工作組織論點中的分歧或同一

這樣一句淺白的問句，或許看起來是重覆而多餘。但是，在前面有關東方與西方環境中，工作及工作組織不同論點的討論，却仍有值得注意的地方。正如我們在這篇專題論文的「緒論」中所說的，本文所用以結構各種意見及爭論的概念架構，大部分來自西方的經驗，從已有的文獻中擷取。因此，這樣的一個架構很明顯地著重動機、工作態度、滿足與表現、領導與督導、權力、權威與影響力、控制、委任與共同派任、溝通、決策、組織中的團體與團體行爲、衝突與其解決。顯然地，這些論點直指這些重要的功能領域，它們多少具有天生必然存在性，是任何以組織型態存在的實體所共有的。 雖然如此， 綜觀被提出及討論的問題，不論是在西方或東方背景下，以不同的清晰及嚴謹程度，我們可以說這樣的一個架構—儘管它有所偏頗—策略性地反映一些共同的重要論點，並提供了東西方在這些向度的比較上，有一個可用的水準點。

顯然地，至少在西方傳統中，有一個時期理論討論的主流，將重點轉移相當比重在個體（individual）相對於集體（collectivity）所表現的角色及在團體中的活動。典型的例子也許就是在泰勒（Taylor）的「

科學管理」及梅約（Mayo）的「人際關係」兩種說法，可以找到一條明顯的「同源的」（dialectical）連線，它既反映了廣大社會的歷史歷程，也反映了人格。在這個的假定下：

「人的關係，如我們早先所說，在梅約（Elton Mayo）的研究工作及想法中，一直都是同等的。在它最簡單的形式中，這個錯誤概念延著下面幾條線發展。在約1930年，芝加哥的霍桑研究發現『社會人』（Social man）的觀念，這些研究是由梅約所推展的，繼而在他的領導研究中也發現了這種人的關係，其發現且被繁衍及應用；梅約因此成了五十年代工業心理學的泰勒。

這是一個對事實的很奇怪的扭曲，但確是一個編織得很好的神話。『社會人』真的被發現了──或者也許是，被杜造了──其發現者是十九世紀偉大的社會學家柏芮圖（Pareto）與涂爾幹（Durkheim）。而在現代工業社會中，『他』再度被發現，則大部分要拜生化學家漢德生（Handerson）及人類學家華倫（Lloyd Waran）之賜……」●

反觀東方，有兩點值得注意的。第一，其假定經常是──雖然並不完全明顯──認定「中國」或「日本」的方式是經久不變的，因此可以作為一個單一的理念或實務體來研究，而不須考慮隨時間所發生的變化。第二，或許是回應梅約「系統」，在近代歐洲學術界中，有這樣的一種趨向，他們再度發現東方管理的理念及邏輯，運用於當代工業上會成功，要歸功於傳統孔夫子教導的常規條例。當然，嘗試將經濟現象賦予一個更基本的道德或信念系統的解釋，這也是未嘗不可（西方類似的例子是新教之於十九世紀）。但是，將它在管理或工商業界的角色奉若拱璧，我們豈不是編織了另外一個「孔夫子的」神話？也許，答案部分繫於對

● Michael Rose, *Industrial Behavior: Theoretical Development Since Taylor*, Harmendswater: Penguin, 1978.

經濟組織以及孔教哲學，會在今日之中國、日本，及其他東方國家引發
影響，其歷史背景的瞭解。例如，在中國傳統著作中，論到社會地位階
層時，其排列總是以仕農工商爲次序；而且—至少在中國—總是把「學
而優則仕」視爲成功的康莊大道。總之，把世界性草根階層的商務運作，
和孔夫子的教諭扯上關係，事實上是頗有疑問的。

　　所以若要談影響力，可以說那些宗教性或準宗教性 (quasi-religious)
的教導，諸如佛教或道教，對於傳統中國農業社會的廣大羣眾，更具有
滲透性的影響力，至於孔教哲學，則適於那些優秀階層的品味及需要。
佛家與道家價值的擴散，也反映於在家族血親系統中，盛行的倍極隆重
的喪儀和祭祖儀式：

　　　　「……一般中國人所行的土占 (Chinese Geomancy)，是另一
　　種祖先崇拜的形式，强調藉著先人的居間賜恩，可以尋求超自然力
　　量的祝福。祖先，在這樣一種特殊的觀點裏，被認爲是佛教或道教
　　裏的神」 ❷ 。

　　這種邏輯或是承襲自神秘的過去，所得到的一種草根宗教的愛與宇
宙哲學的混合物。這些原則更多成爲日常生活之中，與同等之平輩，共
同過社會生活的格言；而較少以孔教主義者所奉行的，規範社會政治關
係的條例形態出現。或許可以說，回顧過去的工作與社會，像這樣的生
活及社會活動的邏輯，已經擴及到工作以及工作態度的領域。

　　　　「尋求工作、工作場所，以及工作上各種社會關係的和諧。雖
　　然可以接受改變，但在中國人的想法裏仍有一種值得注意的傾向，
　　就是排拒任何足以打破先前和諧狀態的衝突或爭執。互惠的常模依

❷　Y.W. Hsieh, "Filial Piety and Chinese Society", in C. A. Moore (ed.),
　　The Chinese Mind: Essentials of Chinese Philosophy and Culture, Taipei:
　　Rainbook Book Company, 1967.

然是工作道德中不可缺少的一部分—特別是在應對工作督導、部屬、同事、以及雇主時。」❸

在討論中國和日本工作組織的特性時，依然要談到在工作範圍及其他生活情境—特別是家庭—之間，相對地區別或融合。正如前面所說的，中國顯然地沒有一個學術的傳統，以發展出一個清晰的工作組織理論體系。反之，典型中國學者其興趣以及著作，主要是從巨觀層次來談論國家及行政管理的存在理由，以及從微觀層次來看家庭組織及其維繫。

也許，我們可以說在家庭及政府的管理上有其類似之處，因此這兩者都適用於工商組織的管理—這似乎成為傳統中國團體組織應用於今日的一種典型的流行說法。因此傳統中國社會對家庭組織是極度重視的，以致在其工業前，一切經濟與商業活動，都附屬於家庭及血親系統的架構之下，也受其推助而成。組織制度之融合，或許是解釋商業與工作組織之管理未能獨立發展的一個歷史原因—因為它們在結構上是併入家庭制度的。

在這個背景下，可以瞭解為何在現在商業及工作組織的管理中，中國以及其他中國社會（像香港、新加坡、臺灣，及其他有大量中國移民的地方，還有日本，其企業管理者會有轉移傳統家庭情境中的管理特質，移植入商業組織中的傾向。事實上，在日本明治時期最成功的管理，亦即 Zaibatsu 的管理者，就是有系統地將干涉主義式整合及領導的家庭常模，納入日本企業系統中，成為建立部屬忠誠的合理策略。在本專題論文前面部分，描述香港在五十及六十年代，工業起步的階段，亦可看

---

❸ Henry S.R. Kao and Ng Sek Hong, "Minimal 'Self' and Chinese Work Behavior: Psychology of the Grass-roots", a paper presented to the International Symposium on Social Values and Development of the Third World Countries, April 26-30, 1987, Hong Kong, p. 22.

見類似的情形。許多有名的上海人或廣東人開設的公司，它們被視為是香港初期工業化推動的力量，就是以家庭企業的基礎為結構的公司。他們的成就，從七十年代一直持續到如今，更堅固了在商業及工作組織中，中國人或孔夫子教條之效能的印象。

　　在孔教傳承的社會中，以家庭系統來作為商業管理範例水準點，其最成問題之處就是：在無可避免的工業化及現代化之下，家庭與工作及其他相關組織在結構上的差異，已經日趨增加。這種發展趨勢，使得個人對家庭以及工作的取向也有所改變：在傳統系統下，二者或許是一個互相混合擴散的整體；但在現代工業生活中，漸漸不復如此。在中國社會逐漸流行配偶家庭 (conjugal family)，受薪雇員的增加，在定義關係時漸漸習慣使用「契約」工具，在在都使得今日現代化及城市化的中國，漸有對其工作情境採取分段式、工具式，具降低親密性的取向。因此，一個工作者在其工作情境中的價值系統（例如，行為與期望的標準），與他（或她）在家庭中的社會關係，就愈來愈有顯著的不同。有愈來愈多現代的，受過教育的，西化的階層（經常形成由「原級的」勞動工作者所孕育出來的勞工貴族），在這個東方社會中急於走出傳統價值的界限，並掙脫其妨害與恥辱（包括任用內親、怠惰、被動等）；他們認為工作就是工作，與人無關，他們是法則取向的，工作要根據表現及其他繁細的效標，予以準確的設計，他們奉行之甚至比西方社會更為嚴格，這就是現代工業化最先有的價值觀。

　　採取一個歷史性的觀點來回顧價值的發展，或許可說近來學術界再度有興趣發掘傳統思想，例如孔教或其他東方價值觀，並思及其文化特性，是為了想調和並統整西方與東方的理念與常模中，與今日工作組織之管理及行為有關者。它（也）呈現了在西方工業主義之下的價值重整歷程的一個階段，現在它承認：(i) 透過對這些先進（西方）工業社會

歷史的自省，發現其弱點或許要從那些過去是古老傳統，但新近却成了工業經濟成功的案例之中，找到矯治之方；(ii) 必須與這些東方新近發展的經濟國彼此調停並維持和諧，特別是在此藉國際貿易，多國運作與技術的轉移，所造成的國際間資金與貨物交流的風潮中。更簡要地說，這樣一種理論上和實際上的尋求，在推進工作的「傳統」領域，及由西方組織文獻中已建立的學理中走出來，可以視爲在論及不同工業社會之發展時，一種「聚合」模式的成長。也就是說，西方與東方傳統中對工作組織的理論與實務，已漸會合以發展一種更「共通性」的混合體，這就是現代工業價值寶庫中的一部分。

例如，附於西方假定下的一個原則，認爲「自己」(Self) 是激勵系統—亦卽激發工作動機 (motivation) 的注意焦點。然而，近來學者逐漸注意到，「自己」或「自我」並不是激發可欲行爲（例如：辛勤工作，有好的表現與提高生產量）的唯一來源，他們對於一個集體中（團體、部門、或整體組織的團體成員）組織及個人的表現、整合、及生產量很感興趣。或許，典型的探索只研究日本企業與西方組織的差異。日本的工作者與管理者都鼓吹集體以及利他的情操—它被認爲是日本企業組織具有凝聚力及充滿活力的重要原因。事實上，「集體主義」已經愈來愈成爲世界共通的解釋，現在「孔夫子主義」又被認爲是滲透在東方社會的許多傳統組織中。繼之而起的概念上的問題，就是當我們在說「集體主義」或「個人主義」時，如何去區別這些立足點？

本書前面已經討論過，在中國的工作常模與道德系統中，於顯見的「集體主義」背後，還附有一個微妙的「個人主義」取向。在中國人的想法中，注重的是謙虛、沉默、互惠，以及他人取向 (others-orientation)。從中國大陸、香港、以及臺灣的研究證據顯示，中國人在工作組織中的心理適應，就是重新調整從上頭而來的命令。在一般企業組織

中，草根階層通常保持沉默，以維持他們自己和權威者之間的關係，這就是中國的集體主義精神—至於利他性的忠誠，那是日本人的特質。因此可以說，至少是假設性地說：在中國人的思想中有一種形而上或宗教性的思維，它基本上是自我（Self）而非集體取向的，可以幫助草根階層的個體，去回答或應付在面臨艱苦的生活及工作，所環繞的那些難過，不確定，以及危機。它鼓吹個人要尋求與其相關客體—社會、人，或環境—的「和諧」，它成為植根於草根階層中盛行的宗教價值觀—諸如「佛教」與「道教」—這種文化遺產的特質，但却較不為奉行孔儒禮教的中堅份子所採納。

總之，上述這個有趣的觀點可以指出，在以「個人主義」與「集體主義」來二分人的取向，在概念上是很曖昧模糊的。在中國文化傳統中的集體主義，其實是自我認知與保護的合理策略的偽裝。正像自我擴張的動機與野心一樣，自我抹煞的謙虛以及集體的活動，也可以純是為了個人的緣故。二者都可以成為個人在應付不同環境時的防衛策略，但一般的社會常模（如前面所說的個人主義或集體主義的特質）會影響個人對於何者為合宜策略的選擇。

不只是「集體主義」與「個人主義」有這種略帶一體兩面性的衝突，有些成配對性的變項，諸如「工具主義」(instrumentalism) 相對於「情感表達」(expressiveness)，也有類似的衝突。承襲於梅約 (Mayo) 的說法，盛行分開地指出人在工作團體中的「社會需求」(social needs)，後來的馬斯洛 (Maslow) 亦主此說，馬氏認為人的需求是呈一個階層性的，在「外在」或「經濟性」的動機，及「內在」或「情感性」的動機之間有所不同，而後者是在較高的層次上。無論如何，這是一個值得注意的問題，像香港在七十以及八十年代所提出的職業研究，就指出無論是在老式或新式的行業中（例如傢俱製造工匠與電子技工），都可以

觀察到保有相當團結的職業接觸網絡。這種網絡的性質是根據二元的特性：(i) 社交性 (sociability)；(ii) 互惠性 (reciprocity)。雖然這些關係看似屬於情感性的，然而它也有很明顯的工具性的意念。像這樣的聯絡網，是同行間「市場」與「雇員」幫助的互惠基礎（例如，可以彼此交換薪資、勞力供需、職位等訊息）。這種行為也有一種職業上的常模，同行的成員感覺自己有種道德上的義務，必須去交換職業上的訊息，並且彼此幫助。

在處理這類課題時最大的問題，也許就是在描述及解釋態度與知覺觀點上的「一致性」(consistency)，這些觀點像點社會「意象」(imagery)，及決定人類行為最基本的取向。另一方面，將東西雙方的差異，完全歸於一元（unitary）與多元（pluralistic）管理哲學的不同，也可能是言過其實。事實上，在現代大型工業組織發展以前，東西雙方社會都曾有過「一元」的管理觀點。在西方，「一元」觀點或多或少，都曾提供組織在架構「多元」結構時，有一條清楚的路向。今日流行的假定是：日本與中國的管理仍然呈現著一種對工作組織的「一元」觀—雖然這種一元觀和「傳統的干涉主義」或許有所不同，但仍被認為是如多爾(Dore)所說的日本的「福利整體主義」(welfare corporalism)。

然而，在現代「世界性的」公司—像是國際性企業—中，似乎可以說它們並不排斥灌輸給員工「家庭」的觀念。事實上，在今日許多擁有先進技術的大型公司中，這種合一統整的技術已成為一般性的目標。「一個仔細經營的上司下屬系統，可以支持常模性的結構。因為在高位者已先將企業目標內化，並能更清楚地表達其價值。而有著一個可望企及的較高地位，又成為激勵那些低地位者接受組織目標，並且根據組織常模來活動的動機」。如此就有助於培養「在工作力量與行為標準、酬賞期待、公平公正之定義等之管理，二者間的一種常模性一致」。貿易工

會的協調與包容是一種兼管多元的力量，而當此種策略—企業家庭觀—意欲消滅工會成為一個無關或最好是邊際性的角色時，這種力量就降低了。「對工會冷淡而對雇主忠實，在連續歷程企業中，藍領雇員成為一個工作的『組織人』(organization-man)」❹。

一元觀點並不必然是東方的和傳統的，可以說「一元」與「多元」是相對的管理觀，一元論亦曾風行於六十及七十年代，二者彼此的界限是有彈性的，並不像從名字上看那麼地截然兩分。任何想要有系統地研究及瞭解管理之意見與態度者，他必須瞭解一種「意象」(image) 會特質性地反映出「在社會生活的不同事實中非組織性的結構，並擴散呈現於力量、地位、及階級結構」❺ 在應用上，管理理論之假定，以及雇員對管理的看法，都會隨著情境而有高度的差異，而並非在所有情況下都一成不變的。

也許，所有這些在管理與工作態度上的微妙及變化，都指出在給予不同情境下所顯現之特殊工業行為一個「管理上的」解釋時，有採取「情境取向」的需要。也注意到「情境對於解釋差異而言是很重要的，例如，在一個『衝突的』交涉情境與一個『合作的』生產或工作情境間，以情境來解釋『對管理的職業態度，或管理與人之間關係的意象』時，就有所不同」❻。

---

❹　見 Robert Blauner, *Alienation and Freedom: The Factory Worker and His Industry*, Chicago: University of Chicago Press, 1964, p. 181.

❺　M. Bulmer (ed.), *Working Class Images of Society*, London: Routledge and Kegan Paul, 1975, p. 5.

❻　Ng Sek-Hong and Henry S.R. Kao, "Image of Management: Antagonism, Accommodation or Integration", in Stewart R. Ciegg, Dexter C. Dumphy and S. Gorden Redding (eds.), *The Enterprise and Management in East Asia*, Hong Kong: Centre of Asian Studies, University of Hong Kong, 1986, p. 147.

　　本文的目的，並不在於駁倒「在特殊的工作場所、社會，或在不同的時間點上，對於管理與工作組織所顯出的一種分別性觀點，其中可定義的『文化』或『種族』特質的顯著差異是一個重要因素」的這種說法。我們也不是對管理概念、實務、及理論的「聚合」觀點，給予毫無保留的支持，因爲它們許多確實有其文化或國籍上的界閾。無論如何，本文希望能放寬討論的眼界，「文化」取向可能過於狹隘，在觀察實際情況時，採用「聚合」觀點也許較爲全面性些。在瞭解多元化現代組織的限制、資源、與動機時，保持一個「世界性」(cosmopolitan) 的觀點是很重要的，然而時迄今日，仍可清楚看見在解釋不同社會的管理與組織行爲差異時，以「文化」因素做爲一般性的解釋─它只能做名義上的、部分的解釋。

三民大專用書書目——政治・外交

政治學	薩 孟 武	著	前臺灣大學
政治學	鄒 文 海	著	前政治大學
政治學	曹 伯 森	著	陸軍官校
政治學	呂 亞 力	著	臺灣大學
政治學概論	張 金 鑑	著	前政治大學
政治學概要	張 金 鑑	著	前政治大學
政治學概要	呂 亞 力	著	臺灣大學
政治學方法論	呂 亞 力	著	臺灣大學
政治理論與研究方法	易 君 博	著	政治大學
公共政策	朱 志 宏	著	臺灣大學
公共政策	曹 俊 漢	著	臺灣大學
公共關係	王德馨、俞成業	著	交通大學等
兼顧經濟發展的環境保護政策	李 慶 中	著	環 保 署
中國社會政治史㈠～㈣	薩 孟 武	著	前臺灣大學
中國政治思想史	薩 孟 武	著	前臺灣大學
中國政治思想史（上）（中）（下）	張 金 鑑	著	前政治大學
西洋政治思想史	張 金 鑑	著	前政治大學
西洋政治思想史	薩 孟 武	著	前臺灣大學
佛洛姆(Erich Fromm)的政治思想	陳 秀 容	著	政治大學
中國政治制度史	張 金 鑑	著	前政治大學
比較主義	張 亞 澐	著	政治大學
比較監察制度	陶 百 川	著	國策顧問
歐洲各國政府	張 金 鑑	著	政治大學
美國政府	張 金 鑑	著	前政治大學
地方自治概要	管 歐	著	東吳大學
中國吏治制度史概要	張 金 鑑	著	前政治大學
國際關係——理論與實踐	朱張碧珠	著	臺灣大學
中國外交史	劉 彥	著	
中美早期外交史	李 定 一	著	政治大學
現代西洋外交史	楊 逢 泰	著	政治大學
中國大陸研究	段家鋒、張煥卿、周玉山主編		政治大學等

三民大專用書書目——法律

商事法論（緒論、商業登記法、公司法、票據法）（修訂版）	張 國 鍵 著	前臺灣大學
商事法論（保險法）	張 國 鍵 著	前臺灣大學
商事法要論	梁 宇 賢 著	中 興 大 學
商事法概要	張國鍵著、梁宇賢修訂	臺灣大學等
商事法概要（修訂版）	蔡蔭恩著、梁宇賢修訂	中 興 大 學
公司法	鄭 玉 波 著	前臺灣大學
公司法論（增訂版）	柯 芳 枝 著	臺 灣 大 學
公司法論	梁 宇 賢 著	中 興 大 學
票據法	鄭 玉 波 著	前臺灣大學
海商法	鄭 玉 波 著	前臺灣大學
海商法論	梁 宇 賢 著	中 興 大 學
保險法論（增訂版）	鄭 玉 波 著	前臺灣大學
保險法規（增訂版）	陳 俊 郎 著	成 功 大 學
合作社法論	李 錫 勛 著	前政治大學
民事訴訟法概要	莊 柏 林 著	律　　　師
民事訴訟法釋義	石志泉原著、楊建華修訂	司法院大法官
破產法	陳 榮 宗 著	臺 灣 大 學
破產法	陳 計 男 著	行 政 法 院
刑法總整理	曾 榮 振 著	律　　　師
刑法總論	蔡 墩 銘 著	臺 灣 大 學
刑法各論	蔡 墩 銘 著	臺 灣 大 學
刑法特論（上）（下）	林 山 田 著	政 治 大 學
刑法概要	周 冶 平 著	前臺灣大學
刑法概要	蔡 墩 銘 著	臺 灣 大 學
刑法之理論與實際	陶 龍 生 著	律　　　師
刑事政策	張 甘 妹 著	臺 灣 大 學
刑事訴訟法論	黃 東 熊 著	中 興 大 學
刑事訴訟法論	胡 開 誠 著	臺 灣 大 學
刑事訴訟法概要	蔡 墩 銘 著	臺 灣 大 學
行政法	林 紀 東 著	前臺灣大學
行政法	張 家 洋 著	政 治 大 學
行政法概要	管　　歐 著	東 吳 大 學
行政法概要	左 潞 生 著	前中興大學
行政法之基礎理論	城 仲 模 著	中 興 大 學
少年事件處理法（修訂版）	劉 作 揖 著	臺南縣教育局

三民大專用書書目——行政・管理

三民大專用書書目——社會

三民大專用書書目——教育

書名	著者		服務機關
教育哲學	賈馥茗	著	臺灣師大
教育哲學	葉學志	著	前彰化教院
教育原理	賈馥茗	著	臺灣師大
教育計畫	林文達	著	政治大學
普通教學法	方炳林	著	前臺灣師大
各國教育制度	雷國鼎	著	臺灣師大
清末留學教育	瞿立鶴	著	
教育心理學	溫世頌	著	傑克遜州立大學
教育心理學	胡秉正	著	政治大學
教育社會學	陳奎憙	著	臺灣師大
教育行政學	林文達	著	政治大學
教育行政原理	黃昆輝	主譯	陸委會
教育經濟學	蓋浙生	著	臺灣師大
教育經濟學	林文達	著	政治大學
教育財政學	林文達	著	政治大學
工業教育學	袁立錕	著	彰化教院
技術職業教育行政與視導	張天津	著	臺北工專校長
技職教育測量與評鑑	李大偉	著	臺灣師大
高科技與技職教育	楊啟棟	著	臺灣師大
工業職業技術教育	陳昭雄	著	臺灣師大
技術職業教育教學法	陳昭雄	著	臺灣師大
技術職業教育辭典	楊朝祥	編著	臺灣師大
技術職業教育理論與實務	楊朝祥	著	臺灣師大
工業安全衛生	羅文基	著	國立編譯館
人力發展理論與實施	彭台臨	著	臺灣師大
職業教育師資培育	周談輝	著	臺灣師大
家庭教育	張振宇	著	淡江大學
教育與人生	李建興	著	臺灣師大
教育即奉獻	劉真	著	臺灣師大
人文教育十二講	陳立夫等	著	國策顧問
當代教育思潮	徐南號	著	臺灣大學

三民大專用書書目——經濟・財政

平均地權	王　全　祿	著	內　政　部
運銷合作	湯　俊　湘	著	中　興　大　學
合作經濟概論	尹　樹　生	著	中　興　大　學
農業經濟學	尹　樹　生	著	中　興　大　學
凱因斯經濟學	趙　鳳　培	譯	政　治　大　學
工程經濟	陳　寬　仁	著	中正理工學院
銀行法	金　桐　林	著	華　南　銀　行
銀行法釋義	楊　承　厚	編著	銘傳管理學院
銀行學概要	林　葭　蕃	著	
商業銀行之經營及實務	文　大　熙	著	
商業銀行實務	解　宏　賓	編著	中　興　大　學
貨幣銀行學	何　偉　成	著	中正理工學院
貨幣銀行學	白　俊　男	著	東　吳　大　學
貨幣銀行學	楊　樹　森	著	文　化　大　學
貨幣銀行學	李　穎　吾	著	臺　灣　大　學
貨幣銀行學	趙　鳳　培	著	政　治　大　學
貨幣銀行學	謝　德　宗	著	臺　灣　大　學
現代貨幣銀行學（上）（下）（合）	柳　復　起著		澳洲新南威爾斯大學
貨幣學概要	楊　承　厚	著	銘傳管理學院
貨幣銀行學概要	劉　盛　男	著	臺　北　商　專
金融市場概要	何　顯　重	著	
現代國際金融	柳　復　起	著	新南威爾斯大學
國際金融理論與制度（修訂版）	歐陽勛、黃仁德編著		政　治　大　學
金融交換實務	李　　　麗	著	中　央　銀　行
財政學	李　厚　高	著	逢　甲　大　學
財政學	顧　書　桂	著	
財政學（修訂版）	林　華　德	著	臺　灣　大　學
財政學	吳　家　聲	著	經　建　會
財政學原理	魏　　　萼	著	臺　灣　大　學
財政學概要	張　則　堯	著	前政治大學
財政學表解	顧　書　桂	著	
財務行政（含財務會審法規）	莊　義　雄	著	成　功　大　學
商用英文	張　錦　源	著	政　治　大　學
商用英文	程　振　粵	著	臺　灣　大　學
貿易英文實務習題	張　錦　源	著	政　治　大　學
貿易契約理論與實務	張　錦　源	著	政　治　大　學

書名	著者	學校
貿易英文實務	張錦源 著	政治大學
貿易英文實務習題	張錦源 著	政治大學
貿易英文實務題解	張錦源 著	政治大學
信用狀理論與實務	蕭啟賢 著	輔仁大學
信用狀理論與實務	張錦源 著	政治大學
國際貿易	李穎吾 著	臺灣大學
國際貿易	陳正順 著	臺灣大學
國際貿易概要	何顯重 著	
國際貿易實務詳論（精）	張錦源 著	政治大學
國際貿易實務	羅慶龍 著	逢甲大學
國際貿易理論與政策（修訂版）	歐陽勛、黃仁德 編著	政治大學
國際貿易原理與政策	康信鴻 著	成功大學
國際貿易政策概論	余德培 著	東吳大學
國際貿易論	李厚高 著	逢甲大學
國際商品買賣契約法	鄧越今 編著	外貿協會
國際貿易法概要（修訂版）	于政長 著	東吳大學
國際貿易法	張錦源 著	政治大學
外匯投資理財與風險	李 麗 著	中央銀行
外匯、貿易辭典	于政長編著 張錦源校訂	東吳大學 政治大學
貿易實務辭典	張錦源編著	政治大學
貿易貨物保險（修訂版）	周詠棠 著	中央信託局
貿易慣例——FCA、FOB、CIF、CIP 等條件解說	張錦源 著	政治大學
國際匯兌	林邦充 著	政治大學
國際行銷管理	許士軍 著	臺灣大學
國際行銷	郭崑謨 著	中興大學
國際行銷（五專）	郭崑謨 著	中興大學
國際行銷學	陳正男 著	成功大學
行銷學通論	龔平邦 著	前逢甲大學
行銷學	江顯新 著	中興大學
行銷管理	郭崑謨 著	中興大學
行銷管理	陳正男 著	成功大學
海關實務（修訂版）	張俊雄 譯	淡江大學
美國之外匯市場	于政長 著	東吳大學
保險學（增訂版）	湯俊湘	中興

三民大專用書書目——會計・統計・審計